猴面包树

FANNY NUSBAUM
OLIVIER REVOL
DOMINIC SAPPEY-MARINIER

LES PHILO-COGNITIFS

嗜思认知者

[法]范妮·尼斯博姆 奥利维耶·雷沃尔 多米尼克·萨佩-马里尼耶 著

毛静 译

电子工业出版社
Publishing House of Electronics Industry
北京·BEIJING

嗜思认知者
所嗜唯思,
别样思……

Ils n'aiment que penser,
et pensent autrement…

我把生活看作一场大型接力赛，在这场比赛中，每个人在跌倒之前应该把迎接挑战的接力棒传得尽可能远一些。我不承认在生物学上，在智力和体力上我们存在任何终极的局限，我的希望几乎是无限的，我对斗争的结果满怀信心。人类的血液有时在我体内唱歌，大西洋兄弟的低沉轰鸣似乎来自我的肺腑，我于是感受到一种快乐、一种醉人的希望、一种对胜利的坚定信念，恰如尽管地上已经堆满被击碎的盾和剑，我仍然觉得是在这块土地上初次投入战斗一样。[1]

罗曼·加里[2]
Romain Gary

---

[1] 出自《童年的许诺》，罗曼·加里著，倪维中译，人民文学出版社，2008年出版。——译者注

[2] 罗曼·加里（1914—1980），法国小说家、电影剧本作者、外交官，是唯一一位两次获得龚古尔文学奖的作家，代表作有《郁金香》《童年的许诺》。——译者注

译者序

您正要阅读的《嗜思认知者》，是一本内容饶有趣味和宗旨蕴含挑战的小书。

本书的三名作者有着心理学学者及心理医生的背景。他们基于经验总结又别出心裁地独创了"嗜思认知者"这个词，从而为认识一类古老而常新的现象以及伴随这类现象而生活的人们，提供了一个新的角度。什么是"嗜思认知者"呢？简要地说，有这样一类人，他们最基本的生活习惯就是"疯狂热爱思考"，这种习惯不仅异于常人，而且偏执到"上瘾"的程度。这类人通常的思考也是与众不同的。他们在思考中把握的对象、角度、方法、过程、结论，以及追踪上述思考的结果而持续地再思考的过程，展现着奇异的特征，往往超出了常人的认知和想象，作者将这一特征概括为"非典型"思维，称拥有这一特征的人"所嗜唯思，别样思"。

作者认为，嗜思认知者及嗜思认知现象有着漫长的历史，然而这类人和这类现象成为人们认真关注与深入研究的对象，只有五十多年的时间。三位作者对嗜思认知者进行了多年的研究，和我们通常从特定的环境、时间、生活出发研究人不同，他们的研究是从临床问诊和神经学研究方面平行推进的。他们循着人们一般认为各个年龄段的嗜思认知者都具有的特征，如思维敏捷、狂热地思考、有较强的语言能力、在学习方面表现出早熟、社会适应性较差、对不公正现象的容忍度较低等，分析了人们经常用来描述嗜思认知者的三个词语，即"天赋超常""聪颖早慧""高潜能"。作者认为这三个先天的、富有潜在优势的、有待实现的特点并不是无条件地直接作用于嗜思认知者的，而是要通过"超常思辨""超常敏锐""超常迁移"具体表现出来的，它们共同概括出嗜思认知者的一般特征。从某种意义上说，这不仅是嗜思认知者异于常人的特点，而且是胜过常人的优点。事实上，嗜思认知者的智商普遍高于平均水平。当然，这些特点和优点并不必然带来好的结果，主要的原因在于，嗜思认知者痴迷于以自己的嗜思来"阐释"和"探索"外物，他们宁愿徜徉在自己奔腾不息的精神河流里，也不愿登上岸来脚踏实地。他们强烈的主观特征经常困扰和妨碍着他们，使他们既不善于管理自己的情绪，也不善于同他人打交道。他们总是率性而为，那些为常人所高看并愿践行的"知彼知己""因地制宜""适可而止"，他们却将之视为粪土、弃如敝屣。作者分章详细地介绍并分析了嗜思认知者这些特点的表现和影响。用作者的话来说，他们问题的根源在于"从自我到自我"。值得关注的是，除了郑重使用上述三个冠以"超常"的词语，作者借鉴嗜思认知者通常都会有的幽默，用了斑马、狒猴和熊来比喻他们的讨论对象。这种亦庄亦谐的表述，更有助于读者了解嗜思认知者。对于嗜思认知者来说，斑马的怪诞难驯映衬着某种卓尔不群和率性而为，狨猴的灵动乖巧映衬着某种无章可循和多疑敏感，而熊的笨拙外表、强大能力及其超强的耐力和适应性映衬着某种难以想象的表里反差。

一种动物的某些特点也可能表现在其他动物身上，但其本质属性和主次程度是不同的。斑马偶尔也能杀死狮子，却不会吃掉狮子。猴子向人讨食时似是温驯，但是讨食不成，有时会恼羞成怒而攻击人。熊也会常带几分猴性，但难掩猛兽的凶威。嗜思认知者的特点也具有这种兼容的表现。作者依据嗜思认知者的不同特点及其兼容的比例，将其划分为两种基本类型。他们把猴性为主兼具熊性的一类人称为"紊流型嗜思认知者"，而把熊性为主猴性为辅的一类人称为"层流型嗜思认知者"。其中不同特点的比例可能存在1:9、2:8、3:7、4:6等不同情况，比例高的那些特点决定着嗜思认知者的类型归属。这种划分有些类似股份公司，只是股权控制的标志另设在四六开的临界点上。有趣的是，斑马的特点似乎是灵光普照、月印万川，不列入控股的计量当中。

作者对紊流型嗜思认知者存在某种特殊关注，似乎是给了他们嗜思认知者家族长兄的地位，称他们"很不简单"。除却"思考成癖""天赋超常""聪颖早慧""高潜能"及"超常思辨""超常敏锐""超常迁移"和近于狨猴的特征，还另外使用了"光彩照人""创意无限""魅力四射""别出心裁""充满激情"等令人炫目的词语来描述他们，并把他们归类为某种"拓荒者"。再加上"感知敏锐""情绪敏感"的特点，他们与周围人际环境的关系也常处于不太稳定的状态。紊流型嗜思认知者的优点和缺点都是异常突出的，甚至可以形容为"超常近似没谱"。

恰当的比喻往往能使复杂的分析另辟蹊径、别开生面。作者用猕猴来比喻紊流型嗜思认知者。猴子除了睡觉，总在不停地琢磨所遇到的东西，纠结于食色利害之间，还要间或长啸着感慨和交流。太白笔下的"两岸猿声啼不住"，是写意，是正面刻画；作者所说的"叫声尖锐甚至刺耳，它喋喋不休、滑稽可笑"，让人生厌而唯恐避之不及的"丛林话痨"，则是一个恰当比喻，一个从旁导引。作者继续使用丰富而形象的比喻：如果把紊流型嗜思认知者比喻为一种能量，这种能量就是"自由的、湍急的"；如果把他们比喻为一种姿态，这种姿态则是"追求极致"。这里的自由和湍急，是指紊流型嗜思认知者所释放的能量是自由的，冲动之下，他们的能量喷涌而出。这种能量从属于持有者的本能，带有盲目性。这种能量能够同时激起仇恨和热情，其发生作用时甚至来不及辨明毁灭世界抑或拯救世界的不同方向。所以，他们往往让人难以信赖。至于"追求极致"的姿态,则是指紊流型嗜思认知者的率性而为,他们对待所遇到的事物,往往因敏感而迅速萌生兴趣,进而对兴趣所致的事物追求极致;但是他们的注意力差,专注度低,缺乏持久的稳定性。作者对此进行了这样的概括:"他们一旦从事某一项活动,就非常投入,甚至就像着了魔似的。一旦对该活动失去了兴趣,他们就突然转向另外一项活动。"用俗话来说就是"坐不住""没长性"。书中还列举了孩童时期的紊流型嗜思认知者的课堂表现,如"无法老实待在座位上""在课堂上不合时宜地插话""一心多用""无法接受挫折"等。见其少小,推知老大。西楚霸王项羽的最终失败,和他少时的学书不成而学剑、学剑不成而学兵法的无奈转变不无关系。

上述内容可以使我们更容易地认识紊流型嗜思认知者所有的"超常思辨""超常敏锐""超常迁移"这三个特点。他们是自己思想领地的拓荒者,总是能够不断地从思想的处女地中开垦并收获各种绚烂多姿的新思考。他们不仅痴迷于思考,而且勤于思考,善于思考,并能追踪思考的结果而持续地再思考。他们的问题并不在于比一般人有更多的思考,而在于这种思考的基础和过程并非基于对象的特点与规律,只是基于他们各自的感悟和兴趣。不仅如此,他们的问题还表现为思考的失度。他们对思考始终兴致盎然，逐嗜思而不返，乐新思而不疲。加之有着超常敏锐和超常迁移的特点，他们总能比常人捕捉到更多的可思之物，总有比常人保持更深的嗜思积习。克拉底鲁提出了"人一次也不能踏进同一条河流"，来和他的老师赫拉克利特提出的"人不能两次踏进同一条河流"作对。赫拉克利特命题客观的、辩证的、适度的属性受到了诡辩论的直接挑战。这种挑战同时具有紊流型嗜思认知者的特点。难道不是这样吗？从克拉底鲁命题里渗透出的诸如永不停息的诘问思考、无以复加的敏感多疑和持之以恒的重叠复制等风格，总是在扑朔迷离中闪现着超常思辨、超常敏锐和超常迁移的形影。

　　紊流型嗜思认知者把思辨的癖好、敏锐的触须、迁移的积习集于一身，而且使这三个特点达到了某种"超常"的程度，发展成令常人羡慕的才能。然而他们往往空守自己"木秀于林"的优势，并不善于适当运用和妥善发挥。有时候，他们的恃才率性会使他们运用和发挥自身优势时产生适得其反的结果。不仅如此，这也造成了他们与人交往的困难。阐释世界而成癖，嗜思敏感而张扬，这种习惯已为常人所不适应。他们又惯于我行我素、不近人情，虽既不知己又不知人，却每每以己度人。不分场合，不着四六地自说自话，行事乖张，偏做些"哪壶不开提哪壶"的事情，因而极易使人将他们归于不懂人情世故的"另类"。除了冠以"丛林话痨"的称号，作者还调侃他们"看起来是本地人，实际上是外来客"，甚至称他们是"刚刚降临地球的外星人"。其实他们未尝不是枉顶了"罪名"，他们只是在做"自己"，无意害人却令人生厌。他们似乎是重理轻情的，但理论回避根本，情感绝不兼容，结果成了重理多为认死理，轻情独专自我情。这种我行我素、我专我情，是"从自我到自我"，很容易走向极端。

萦流型嗜思认知者安于"我行我素"，结果却总像猕猴一样躁动不安。他们思考的对象、过程和结果总是处在不停变动中，而且此一段思考又不断为下一段思考所接续，由此引出了思考者不能集中注意力，存在"注意力障碍"的症状。他们的思考很"飘"，像天上的云，且又总使停云变乱云。他们的精神总是不眠不休，必须得琢磨点儿什么，不管琢磨什么都行，比如"我面前的苹果为什么是红的""宇宙大爆炸之前有什么""如何阻止全球变暖""为什么这个朋友只对我半笑半不笑"等。嗜思成癖使他们悬在半空而不接地气。他们的"注意力障碍"集中表现为总是"神游物外"，而那些解决实际问题的办法、规划、组织或相应的策略、路径，却不在他们的视野之中。

萦流型嗜思认知者的"我专我情"会使他们在浑然不

觉中变得日益封闭、孤独和脱离社会。他们在管理情绪方面面临着巨大困难，一面在敏感地捕捉情绪，一面又麻木地忍受情绪，如此巨大的反差在他们身上天衣无缝地交融着。他们甚至表现出对权威和道德的藐视。为此，作者分析了他们自尊心较弱而自信心较强的问题。作者认为："自尊是指一个人觉得自己是有价值的、值得尊敬的；自信是指相信自己有能力令世界敬服，使自己得到认可。"紊流型嗜思认知者并不高估自己，甚至会看不起自己。比如一个紊流型嗜思认知者和两个朋友去吃饭，席间一个朋友无意间夸奖了另一个朋友，他就会立刻猜想，他为什么不夸奖我，进而敏感地诘问自己可能有"名不副实"之嫌。他们恃才，却不傲物，这两方面都不是刻意为之。无论是被人排斥或是排斥他人，他们的状态都是在做自己，起伏变化不大，然而这二者是相通的，都能伤害他们的自尊心。书中有这样一个例证。某紊流型嗜思认知者冬日身着单薄衣装，他的一位女同事问他穿得这样少，难道就不怕感冒吗，他却回人家说："说教对我的健康的危害要比感冒大得多。"对方很容易就感受到他语言的刻薄和高冷，却很难跟上他那跳跃的嗜思和预警的敏感。于是，人就这样被他得罪了。他的回应只是"心口合一"，想到什么就说什么，并无意伤害同事，同事却从此有意报复他。然而谁会同情他呢？值得关注的是，他并不把此类事情放在心上，简直就像什么事情都没有发生过一样。而且，当他再次喋喋不休地和他所得罪的"冤家"大谈特谈自己那些嗜思的灵感的时候，完全感受不到对方冷淡"丛林话痨"的"礼遇"，反而异常敏感地究诘对方为何全无半点"同理"与"同情"的默契。这种"从自我到自我"的逻辑，在紊流型嗜思认知者看来，像破皮而出的鲜血总是红色一般的自然，而在常人的眼里，他们就属于自作自受、记吃不记打、完全不可理喻的另类。其实他们也有敏锐的预感，他们的直觉也会时不时站出来干预他们的本能，只是他们更加崇尚本能，所以最终还是会遵循本能行事。因为他们就是这样的人，他们管理情绪所用的方法是"休克疗法"，或者说是完全放弃了管理，任由情绪俘虏自我、侵凌自我。与人为善、知己知彼对他们来说简直是天方夜谭，这使他们总是陷于无意自毁而时常自毁、有心自保而终难自保的尴尬局面。这些人生活中的快乐和幸福可能与常人并无两样，但他们的种种痛苦，孤独、空虚、愤懑、恼火、失眠，直至感到对生命的威胁，却是异于常人的。作者在第二章中讲述了约瑟夫、米娅等人的故事，对紊流型嗜思认知者交织于思辨、感觉、情绪之间的生活进行了详细的述评，可以帮助读者了解这些人所赖以栖身的精神世界是怎样的。

现在来说说层流型嗜思认知者。

在嗜思认知者家族中，如果把紊流型嗜思认知者比作兄长，那么层流型嗜思认知者就是其孪生的妹妹。这样更容易了解这两类嗜思认知者。虽说层流型嗜思认知者也是嗜思认知者，然而其与兄长又有诸多差异。作者介绍层流型嗜思认知者，也是先从评述这些差异入手的。和紊流型嗜思认知者惯常表现出的刚毅张扬有所不同，层流型嗜思认知者更多带有温柔收敛的风格。她们比较容易招人喜欢，不像兄长那样经常"讨人嫌"。她们尊重体制，不像兄长那样藐视权威和道德。她们比较含蓄而且善解人意，善于用"暗示"的方式表达意愿，不像兄长那样喋喋不休似"丛林话痨"。即使在与兄长相同的特点中，她们也有着不同的表现。例如，同样是不能够很好地管理情绪，她们的兄长因为不解情绪盲目自信而放任情绪信马由缰，而她们因为了解情绪崇尚自尊而逃避情绪选择隐忍。在面对社会和人群的时候，同样是习惯于离群索居独往独来，她们的兄长是欲近而远令人避之不及，她们则是欲远而近使人浑然不觉。但是，这种差异只是相对而言的，归根结底这对孪生兄妹都是嗜思认知者。为了比较这对兄妹的异同，在此不妨回顾一下前文提到的"控股"的比喻。和紊流型嗜思认知者一样，嗜思认知者的基本特点，层流型嗜思认知者也都具备。二者之间的差异，主要是在基本特点所占比例不同的基础上形成的外在风格和具体表现的不同。

如果说作者对于紊流型嗜思认知者的态度只是给予某种特殊的关注，那么他们对于层流型嗜思认知者的态度则是给予不加掩饰的偏爱。作者对层流型嗜思认知者也做了三个寓意丰富的比喻：如果把她们比喻成一种动物，那么她们就是熊；如果把她们比喻成一种能量，那么她们就是受到抑制的，是太阳能；如果把她们比喻成一种姿态，那么她们就是坚韧、耐心、节制。我们先来看动物比喻。熊是外观和实际存在巨大反差的动物，这种反差在猛兽中尤为突出。熊飞跑能追赶鹿，抵力能压倒牛，咬合力不输于老虎，会爬树，善游泳，食性杂，在速度、力量、反应、适应性等方面有着综合的强大能力；它们在陆地和水上都能生活；它们通常独来独往，却能用咆哮、尖叫、呜咽、吹气、咬颌等多种方式来进行交流；它们并非时时具有攻击性，可一旦发起攻击，威胁性极大。熊是动物界中成功者的代表，然而它们给人的印象往往是体型巨大、行动笨拙。作者用熊的表里反差折射出了层流型嗜思认知者类似的反差，别开生面。作者指出，层流型嗜思认知者表里之间的反差也是很大的，"就像熊一样，层流型嗜思认知者简直是社会适应达人的典范，以至于外界都无法根据她们的外表、行为或展现出来的能力立刻辨别出她们来"。

事实正是这样。拿嗜思的癖好来说，层流型嗜思认知者更愿意凭思辨不断地"探索"眼中的世界，而不是不停地"阐释"它。相比于兄长的心有所想便冲口而出直抒胸臆，小妹更多了几分隐忍与含蓄。嗜思的"探索"中无疑包含着对探索物的"阐释"，但小妹对二者的处理似乎更为巧妙。兄长以"探索"为里子而用"阐释"做面子，小妹则反其道而行，以"阐释"为里子而用"探索"做面子。这样，人们就不容易知道她们对所遇之事究竟持有怎样的意见和态度。然而在内心中，这对孪生兄妹对此所做的"阐释"或许并无不同。这种表里不一可能造成层流型嗜思认知者和她们所在的"集体"及周围人群的双重误会。就本愿来说，她们只想与他人和平共处，不会主动追求为集体做事；如果能够避免出人头地，她们宁愿离群索居。然而她们有着令人羡慕的天赋，即使低调行事也往往掩饰不住超凡的能力。作者甚至将她们的才能赞誉为功能齐备的"瑞士军刀"。她们对自身才能的配置是理智的，比起兄长的率性行事、挥霍才情，她们更加谨慎。这种高能而低调的反差使她们很容易受人喜爱和广受欢迎。然而和熊遭人误会的命运相似，她们呈现出的反差也使她们日益陷入麻烦。她们所在的"集体"会对她们寄以更大的希望，人们也会推她们出来承担更大的责任。而她们一旦勉为其难地达成众人所愿，又会面对新的、难度更高的要求。这就使她们不断置身于无奈和尴尬的轮回之中。面对外部的要求，她们会一味地"顺其自然"，而面对自己的本愿和真情，她们则会不断地回避、退避、逃避，直到她们再也承受不住为止。

作者把层流型嗜思认知者比喻为太阳能，其中也蕴含着某种相关的反差。太阳能无比强大，但人们控制驾驭它的能力总是相对渺小的。层流型嗜思认知者对此有着自己的想法和回应。她们有着不同于常人的"超常意识"，对自己所处的位置及做出的选择也非常"明白"。太阳普照，却并不捕捉要特定照射的目标，如果那些没被照到的地方抱怨太阳，是不合适的。层流型嗜思认知者在集体生活中给自己的定位及为人处事的准则正是这样。对自己，她们似乎有着"仁远乎哉？我欲仁，斯仁至矣"一般的自信；对别人，她们似乎有着"既来之则安之"一般的责任。她们从来不会主动揽事。虽然人们对她们的友善与宽容感觉很好，但她们的内心无疑是高冷和孤独的，而且很容易被人们忽视。常人通常并不计较她们的表里不一，正如常人无法选择及挑剔所处的环境，而嗜思认知者则不同，她们在自己的"阐释"和"探索"的嗜思中，永不停歇地针对环境进行着挑剔和选择。看主流是常人的习惯，例如，及时的春雨

"随风潜入夜,润物细无声",常人在这里是绝不会抱怨被褥潮湿无法晾晒的,因为常人懂得"被褥炎阳抚,晴阴各有情",这是应有的"分寸",层流型嗜思认知者却并无这种"分寸"。她们嗜思无度:她们嗜思阴晴,并由此挑剔众人;她们嗜思众人的反馈,又转回来诘难阴晴。当然,她们这种驰骋于内心的"探索"并不会轻易流露于人前。她们习惯用"暗示"的方式来表达自己的意愿,并且希望他人能够理解,然而这种努力多数是事与愿违的。

作者还指出她们在管理自身深层情绪时所表现出的坚韧、耐心和节制,也是她们容易受欢迎的原因。然而一以贯之的问题是,这中间同样蕴含着表里不一的反差。和她们的兄长不同,她们的自尊心胜过自信心,她们也因此更关注人们究竟怎样看待和评价自己。说到管理自己的情绪,她们比自己的兄长要高明和有效,因而她们通常能够受到人们的喜欢。然而这并非事情的全部。她们是完美主义者,凡事追求两全,她们把"在接受自身深层情绪和满足社会期待之间找到平衡"看成"自卫"行为,然而事实很难如其所愿。一旦二者不可兼得,她们照例会顺其自然,忍受痛苦,为了"适应环境而极度剥离深层情绪"。于是,"自卫"变成了"自毁",从不断地"追求完美"滑落到不断地维持"一个剥离了深层情绪的文明形象",并且不断付出惨痛的代价，直至难以为继。难怪她们会像害怕瘟疫一样害怕自己的深层情绪。这种深层情绪和外饰情绪，孤傲精神和文明形象的反差和矛盾，甚至大过了海涅诗中所描述的跳蚤和龙种，所以她们的人生富有悲欣交集的色彩。

然而她们终究还是痛苦更多，作者把她们的痛苦概括为"复合障碍"。排在第一位的危险就是"出现代偿失调"。层流型嗜思认知者为了满足外界对自己的期待而压抑自己的本质和天性，一旦坚持不住，"社会伪装崩裂"，她们就会同那个文明形象决裂，出现情绪崩溃。读者不妨回顾前文，熊并非时时具有攻击性，然而它们一旦展开攻击，将非常可怕。第二种危险是心身抑郁危及身体健康。由于长期处在深层情绪和外饰情绪的反差及动荡之中，她们活得很累。在这一方面，她们不如自己的兄长活得率真、洒脱。为了不切实际的"完美"而长期压抑情绪，终于酿成了严重的后果。被压抑的情绪会从那些与情绪运作最相近的身体渠道流露出来，并从"最初轻微的慢性障碍发展为某种疾病"。作者为此专门针对一个叫作梅林的少年和他"以身体为发泄途径"的故事进行了详细的述评，值得关注。

至此，我们已经简要地介绍了嗜思认知者及其两个基本的类型：紊流型嗜思认知者和层流型嗜思认知者。我们简要地梳理了他们各自的基本特点和基本风格，简要地比较了两者的异同。了解了这些，读者对于什么是嗜思认知者，以及嗜思认知者的两个基本类型，便有了大致的把握。至于更深入的细节，还需要读者阅读全书去理解和掌握。

　　作者对于嗜思认知者寄予了深切的同情。读者能够感受到本书的宗旨和作者的用心，就是把嗜思认知者当成"患者"、把他们的不同类型和诸多表现当成"病症"来对待。这样，作者就对自己提出了挑战，并且一直在回应这些挑战。他们有针对性地给自己的"患者"提供了各种治疗建议。这些建议大部分对嗜思认知者是有益和有效的。即使对于并非是嗜思认知者的人来说，结合自身情况从中选择那些适合自己的建议进行尝试，也同样是有益和有效的。但是作者对于嗜思认知者，不仅要"治病"，还要"改命"。作者对于嗜思认知者的矫正和助其改变命运的期望，并非仅仅是使他们回归普通人的行列，更是希望他们能够在自身更高层次的"优势认知"的基础之上，实现更加优异的表现。读者不妨再回顾前文，嗜思认知者的特点并非仅仅是异于常人的特点，更可能是胜过常人的优点。层流型嗜思认知者的智商"普遍高于140"，紊流型嗜思认知者的智商"普遍在120~135之间"，他们的智商都高于平均智商。他们的根本问题并不在于嗜思，而在于情绪管理。这一点也可以从作者给出的种种建议中得到印证。作者给出的几乎所有的"药方"都不是从思维入手的，更多的是针对情绪的调控。如果嗜思认知者能够既"超常"又"靠谱"，那么他们不仅可以生活得很好，说不定还能够获得异于常人的成功。这无疑使本书已有的挑战更加艰难。作者在书中的研究是以现代脑科学为基础的，特别是基于核磁共振成像等新技术来分析人脑的构成、功能及其变化，更增强了作者做出分析、判断和推论的信心。

在第四章中，作者大胆地提出了"超级认知"的概念。"超级认知"包括"极端认知"和"嗜思认知"两大类型。和嗜思认知包括紊流型嗜思认知与层流型嗜思认知遥相对应，"极端认知"包含"依赖天分"和"基于勤奋"两个类型。在《嗜思认知者》一书行将收尾的时候，作者却突兀地开始讨论"超级认知"和"极端认知"的问题。虽然这样的安排已经超出了本书讨论嗜思认知者的逻辑架构，但是作者对"探索大脑"和"智力、天才、成功"等问题的强烈研究兴趣与职业追求，还是不容忽视的。

总而言之，挑战仍在继续，蕴含无限风光。愿阅读本书能有益于您。

毛静

2022年5月24日于花重轩

目录

引言
/028

第一章
从高潜能到嗜思认知 /034

用于描述嗜思认知者的字词 /037
    天赋超常、聪颖早慧、高潜能……/037
    科学的评判 /042

独特思维方式的三个重要特征 /043
    我在,故我思:超常思辨 /043
    就像第六感:超常敏锐 /045
    观念的持续重组:超常迁移 /047
    三倍的优势! /050

如何称呼这类非典型沉思者? /052
    两种类型 /056
    紊流型嗜思认知者和层流型嗜思认知者 /057
    既非完全一样,又非完全不同 /058

第二章
拓荒者：紊流型嗜思认知者 /062

生动的比喻 /064
  如果是一种动物，那么它可能是猕猴 /064
  如果是一种能量，那么它可能是自由的、湍急的 /068
  如果是一种姿态，那么它可能是追求极致 /070

紊流型嗜思认知者的脑海中想的是…… /075
  阐释世界 /075
  失控的认知过载 /081
  无休止的运动 /086

从自我到自我 /091
  自尊心弱，自信心强 /091
  太有同情心了！ /094
  自毁倾向 /101

面对世界 /105
  听从本能！ /105
  与他人的关系：天大的误会 /109
  与权威的关系：反对、否认和违抗 /114

紊流型嗜思认知者的痛苦：复合障碍 /120

第三章
瑞士军刀：层流型嗜思认知者 /130

生动的比喻 /132
  如果是一种动物，那么它可能是熊 /132
  如果是一种能量，那么它可能是受到抑制的，是太阳能 /140
  如果是一种姿态，那么它可能是坚韧、耐心、节制 /143
层流型嗜思认知者脑海中想的是…… /148
  全方位探索世界 /148
  超常意识：他"明白"！ /153
  自然晋升 /158
从自我到自我 /160
  自尊心比自信心更强 /160
  很有同理心！ /164
  自卫的倾向 /169
面对世界 /176
  听从直觉！ /176
  可靠的和适应的 /178
  面对权威，尊重但是回避 /181
层流型嗜思认知者的痛苦：复合障碍 /183

第四章

探索未知大脑 /196

智力的神经科学 /198
  大脑：智力中心 /199
  智力，一个处于适应前沿的大脑组织 /200
里昂研究的发现：嗜思认知者的大脑令人叹为观止 /206
  结构连接：更密集 /207
  大脑活动：更尖端 /209
  功能连接：更高效 /213
  嗜思认知者融入社会的情况如何？ /216
智力新模型 /220
  作为更高水平的推理素质的优势认知 /223
  作为在偏好领域更优表现的优势认知 /224
  作为一切智力显现的超级认知 /225
智力、天才和成功 /229
  是否可以定义天才？ /229
  成功在其中的地位如何？ /231

结束语 /240

参考书目 /246

引言

很荣幸与您分享我们思想碰撞的成果。这个过程写出来就像一部小说，或者更像一出戏。十多年前，这出戏已经开始排演，彼时虽无观众，却令人振奋。后来经过多次公共演出和私下交流，这出戏丰富起来。戏本非常经典，一位充满激情的心理学者、一位深思熟虑的研究员和一位积极主动的医生聚在一起，共同面对一个挑战。我们要尝试去理解那些富有"天分"的孩子和成年人的深邃眼神背后所隐藏的内容，尝试分析他们生活背后的神经和情感机制。这是一类非典型的人群，他们的生活时而丰富多彩，时而动荡不安。

由来

事实上，这部作品由来已久。首先，我们三个人在各自的生活中每天都会面对"聪颖早慧"的人，而本书中的想法大概就隐藏在我们三个人各自无意识中的某个角落。与某个"高潜能"的兄弟姐妹一起成长是一种无可取代的经历。人与人之间最长久、最亲密的关系之一手足之情。家庭环境是危险较少的训练场，它让我们做好准备：接纳我们的孩子和病人，去理解人际关系的多样性。其次，我们的职业经历稳固了我们想了解更多的意愿。我们三个人起初分别在临床问诊和神经学研究方面平行推进，渐渐地，我们的想法趋于成熟，直到我们确定应该进行更加深入的研究。种种情况表明，我们的研究应该还有"续集"，即分享我们的想法、我们的发现，以及我们的疑虑。然而，如同想做成一道美味佳肴，只是将各种上好的食材混投进最漂亮的锅里是不行的。如果既没有合理搭配，也没有特色风味，火候还不当，那么结果肯定是事与愿违的。

特别的合作伙伴

在很多会议上，关注人的各种"潜能"的人们齐聚一堂。他们中一些著名的研究人员和临床医生对我们表示了信任，这些人一直在关注我们的研究。通过不断交流，聆听病人及其家属的想法，我们三个人关于"高潜能"的观点也在不断演变。

我们要努力呈现的，正是这些观点相互碰撞的产物。对此，我们是小心谨慎的。尽管我们各自的经验使我们有一定的资格来谈论关于"天赋超常"的问题，然而在这方面依然存在众多的未知因素。有些享有盛名的学者描述了各种各样的智力形式，这些智力形式在人类个体中以及人际关系中的表现具有明显的特殊性。我们觉得，有必要进行一项大胆的工作：首先，概括出究竟是什么将那些非典型人群联系在一起；其次，提出"子类型"，以便于理解是什么将他们彼此区分开，又是什么使他们有别于一般的个体；最后，分析每个子类型所涉及的神经机制，目的是利用我们的发现来为他们提供预防和帮助。我们还有向"高潜能"的人群（以及其他人）提供真正的"神经学教育"的强烈想法。

征途坎坷而快乐

从心理研究神经科学中心的创立，到本书的出版，我们一直充满热情地不断前行。从私密聚会到三人组会议，从围绕病人展开的会面（特别是在通过功能性磁共振成像技术进行研究的时候）到电视和广播节目，我们的交流一直是诚挚的分享。我们有时会提出奇怪的问题，会开怀大笑，会自嘲，当然也会有分歧……幸运的是，我们中间的某个人总是会在另外两人情绪高涨的时候及时踩刹车，从而避免了跑偏或者一条道走到黑！

我们的作品仅仅是开始，但它开辟了理解嗜思认知及神经功能的新天地。我们的经验是令人信服的。大部分嗜思认知者生活得很好,尤其是成年的嗜思认知者,因为他们的智力对他们有保护作用。而且,他们这类人特别"配备"有元认知,即思考自身所思的能力,所以他们的突显机制特别高效。不过,我们也不会忘记一切仍然有情感和(或)认知障碍的人们。我们作为医者的使命,就是解决他们的问题。他们自然了解这种医患关系,也会好好配合,并且心怀感恩。病人们对参加我们的研究项目表现出极大的热忱,我们对此总是感到很震撼。我们在此向他们致以诚挚的谢意,他们的贡献不可估量。理解高水平智力为什么以及如何会导致失败,我们每天都能在建立成功因素模型的道路上前进一步。这也使我们能够努力在积极心理学的驱动下,把障碍变为跳板,而这正是重新施展"魔力"的开端。通过这种方式,我们可以平静地重温《恶之花》(Les Fleurs du mal)中信天翁的隐喻。信天翁被捉住,被弃置在甲板上,受尽船员们的嘲笑。在浪漫和忧郁的逻辑中,夏尔·波德莱尔[1](Charles Baudelaire)描绘了令被诅咒的诗人备感痛苦的孤独。我们以更具乐观主义而非病态化的眼光看待信天翁。信天翁拥有所有鸟类中最宽大的翼展,它会充分利用风来进行长时间的滑翔。通过观察这种大鸟飞翔和捕食,我们可以理解所有鸟类的飞行机制……

肉与灵[2]

人体是由神经元、脱氧核糖核酸（DNA）和环境土壤精致组合而成的复合体。其实，我们每个人的身上都有那么一点嗜思认知属性的东西，带有一些层流型嗜思认知的属性，一些紊流型嗜思认知的属性，或者一些平常功能的属性。有"天分"之人的贡献，就是教会我们评估这些属性所占的比例，以及它们对我们的社会生活、职业成功与情感和谐的影响。

因为，我们都在一条船上……

1　夏尔·波德莱尔（1821—1867），法国诗人，象征派诗歌的先驱，现代派诗歌的奠基者，散文诗的鼻祖，代表作包括诗集《恶之花》及散文诗集《巴黎的忧郁》。——译者注

2　Cyrulnik B., *De chair et d'âme*, Odile Jacob, 2006.

第一章

从高潜能到嗜思认知

科学不断自我否定。

智者皆站在前人肩上……

La science se rature elle-même.

Chaque savant monte sur les épaules

de celui qui le précède…

Victor Hugo

维克多·雨果

嗜思认知者：本书选择用"嗜思认知者"一词来称呼此类非典型的人群。人们关注这个群体的时间至今不过五十年。在人类的历史长河中，五十年是那么短暂。在此期间，人们一直在努力尝试界定嗜思认知者。

人们认为，根据个体情况不同，孩童时期的嗜思认知者会在不同领域表现出聪颖早慧。另外，有些嗜思认知者会在逻辑推理能力、情绪管理能力和（或）感觉运动能力方面发展不平衡（发展失衡[1]），而其他个体则不会。嗜思认知者在各个年龄段都普遍具有以下特征：幽默，有较强的语言能力，疯狂热爱思考，思维敏捷，在学习方面表现出聪颖早慧，社会适应性较差，对不公正现象的容忍度较低。

虽然对这些特征的描述看起来很中肯，但是用来概括所有嗜思认知者则有失偏颇。这些描述显得很片面，而且太笼统，不足以精确界定嗜思认知的现象。

因此，我们在研究嗜思认知者的过程中感到困难重重。

首先，嗜思认知现象是否真实存在？是真的存在嗜思认知现象，还是这仅仅是一种传闻，我们很难确定。很多人在认知方面明显表现得与众不同。但是，他们是否都具备上述特征？另外，如果嗜思认知现象真实存在，那么这些特征的范围是如此宽泛——完全无法由此区分隐含的认知行为类型。人们会觉得它们只是包罗万象的一堆描述，很多人都能轻易从中发现适合自己的特征(巴纳姆效应[2]),以至于有时候人们没法判断同一个语词对应的是不是同一种现象。

用于描述嗜思认知者的字词

对于嗜思认知者,无论古今中外,人们尚未找到一个普遍认可的称谓。我们对嗜思认知者的认识如此混乱。根据时代、文化及对该现象定义的不同,人们使用的术语也各不相同,比如天赋超常、聪颖早慧、高潜能。此外,人们甚至还用各种动物来比喻嗜思认知者……然而这些比喻究竟指谁,指什么呢?

天赋超常、聪颖早慧、高潜能……

由于个体不可能在所有方面都具有超常天赋,所以"天赋超常"一词必然要和某种能力联系在一起(比如在数学、音乐或者运动方面具有超常天赋)。此处,"天赋超常"仅仅是指一种认知特性。这种认知特性并非与整体智力水平有必然联系,也不一定与个体在其偏好领域之外的其他领域的另类思考方式有必然联系(无论是量还是质)。另外,"天赋超常"一词还意味着在某一方面表现出色。不过我们的研究对象,即嗜思认知者，并非都能在某个方面表现出色。恰恰相反，他们有时候甚至表现得比较差。而且，从词源上理解"天赋超常"一词，人们往往会觉得，前面所说的出色表现是与生俱来的，来自某种自发实现的天赋。然而，并非所有被称为"天赋超常"的人都是一出生就享有某种天赋的。有时候，他们是在有利于激发天赋的成熟环境或浓厚的家庭文化中通过强化训练才表现出这种天赋的。我们甚至不能草率地将其统称为"天赋"。我们以国际象棋冠军波尔加三姐妹和"网坛双姝"威廉姆斯姐妹为例。早在她们出生之前，她们的父亲就已下定决心培养她们。虽然她们的父亲在为她们选定培养方向的时候，对所选方向并没有太多认识，也没有相关才能。同理，如果巴赫和莫扎特不是出生在音乐世家，早早地受到文化熏陶，并早早地开始技术训练和学习——从天赋出发的这些熏陶、训练和学习对他们产生了重要影响，哪怕他们很有天赋，谁又敢说他们一定能成为我们所熟知的天才呢？人们很难确定天赋在他们的成功过程中究竟起了多大的作用。

我们再来认识一下"聪颖早慧"一词。人们会看到，聪颖早慧意味着认知发展比同龄人早。虽然嗜思认知者经常表现出聪颖早慧，然而并非总是如此。这样一来，我们也就不能从中得出什么规律了。此外，尽管一个人在童年时在认知发展上表现出聪颖早慧，但在成年后就很难再谈什么聪颖早慧了。这大概是因为我们犯了一个阐释错误：当一个6岁的孩子取得了8岁甚至年龄更大的孩子所能取得的成绩时，我们会说这个孩子发展超前；但是实际上，孩子表现出来的只是他在能力方面的优势。无论他是6岁还是80岁，终其一生，他都具备这种优势。换句话说，优势认知并非对应大脑早熟，而是对应大脑更优的功能和结构（另见本书第三章）。

至于有关动物隐喻的描述，人们经常用到"斑马"这个词，这可能是因为"斑马"这个词另有"怪诞"的意思（"怪人"的法语表达是"drôle de zèbre"，直译是"古怪的斑马"），而且斑马天性桀骜难驯。然而，用斑马隐喻我们前面提到的嗜思认知者，还是有以偏概全之嫌。很多嗜思认知者并不会表现出非典型的行为（尽管他们具有非典型的智力），事实上他们甚至能表现出很好的适应性。而且，相较其他种类的动物而言，斑马也并未展现出非凡的能力。恰恰相反，人们发现斑马的一些特征是很平常的，比如群居性和擅长伪装。而我们感兴趣的嗜思认知者群体并没有这些特征。事实上，在任何情况下，动物隐喻的使用都很有局限性，还完全不能被科学界接受和认可。

最后，我们再来分析一下最常用到的"高潜能"一词。这个词的核心成分是"潜能",指"一个人拥有的全部能力"[《拉鲁斯》(Larouss)³]。按照这个概念,"高潜能"只能是指高水平的认知能力,那么用它来描述嗜思认知者似乎很合适。但是,公众认可的"潜能"一词的解释是处于蛰伏状态的(力量方面的)才能,只有被唤醒或经过转化之后,它才能变成可投入使用的能力。这也就意味着,潜能针对的是一个未完成的过程。比如,一般来说,我们认为有潜能的房子,是指这所房子有骨架结构,有墙壁,有可开发的空间,但它仍只是一栋尚未完工的建筑。如果面对一所完全装修好的现代豪华住房,我们就不能说它有潜能了。我们观察到,嗜思认知者明显具有比大部分人更高的潜能。不过这种潜能是否会转化,若可以转化它会转化为何物,都还是问号。因为人们首先会问,我们谈论的到底是哪种潜能,是智力潜能吗?那么这是否等于说,一个人可以是潜在的很聪明,不过这种聪明至今尚未表现出来,或者尚未完完全全地表现出来?当我们说某个人智商130(韦氏智力量表中超常智力范围的最低值)的时候,这个130是指他表现出来的智力,还是指他的智力潜能?如果其所指为潜能,那就意味着惯常使用的智力量表仅仅是用来评估思维的结构(房屋的墙体和可开发空间)的,不能用来评估思维的应用(完工的房屋、豪华住房)。但是,如果我们继续拿房屋来说的话,智力测试的结果反映的却是智力的有效应用,是一所完工状态的豪华住房,而不是"潜在的"豪华住房。

为了一探究竟,我们仍然假设谈论的就是智力潜能。通过测试和(或)临床经验,我们发现,一种智力潜能如果未能得到妥善管理,很可能无法完全发挥作用。这一假设可能适用于这一类孩子:他们具有高水平(潜在)的智力,但是超常敏感(或超常敏锐)——这种高水平智力者固有的特征,甚至可能因注意力缺陷而造成学习障碍。针对这种情况,智力潜能的假设是合理的:房屋具有可开发潜能,然而需要敲掉几面墙壁或清理干净地面才能使其变成一个舒适的处所。但是,如果一个孩子具有高水平智力,并且学习效率很高,那么我们还可以称其为"高潜能的"吗?如果一所房屋的所有空间都打理得很完美,我们还能称之为"有潜能的"吗?如果说这是一所小房子,还可以进行扩建,那么或许还可以称之为"有潜能的"。换言之,孩子其实是未来的成年人,孩子的智力对于他自身来说是现实的,但是对未来那个成年的他来说则是潜能。鉴于此,可以说"高潜能"一词适用于所有具有高水平智力的孩子。但是对于一个智力发育完善的、智商140(韦氏智力量表)的成年人来说,比如史蒂芬·霍金,他的潜能已经完全成为高水平智力,也就是说,他已经是一所"豪华住房"

了,如果还称他是"高潜能的",就未免有些可笑。

事实上,当我们说"智力方面的高潜能"的时候,可能已经暗含着这样一层意思,即优势智力是一种基础材料,经过适当"料理",这种材料会转化为日常生活中的优异表现。因此,"潜能"一词在此暗示着,思维方式的差异,可能会产生更优异的表现。而这一点至今尚未得到充分论证。尤其是很多人的情况恰恰相反,他们虽然表现优异,可是并没有因此被认为是"高潜能"的。我们认为,"高潜能"这个概念太混乱了,还不足以用来概括我们关于嗜思认知者群体的诸多观点。

科学的评判

最后,坦白讲,对高水平思维现象的科学观察是最近才开始的。这也是我们在试图概括其轮廓、确定其特征时感到困难的部分原因。而对其进行统计学研究则显得尤为复杂。依据观察基础的不同,人们有时认为嗜思认知者占人口的1.5%,有时又统计出3%的数据。其实,就像人们经常援引50%的学业失败率或30%的毕业会考失败率而错误地谈论男性优势一样,这些数据都是模棱两可的。这些统计数据自有其存在的价值,也能够指出不少问题。但是,从选择被统计人员这个角度来看,这些统计数据的有效性立刻就显得十分有限了：因为一项研究囊括的个体类型往往与另外一项研究有所不同，而研究对象又具有截然不同的背景，他们来自各种领域（诸如"高潜能"的人、有数学天赋的人、象棋冠军，或者在不同的文化方面获得成功的人，等等），或者来自临床病例。

独特思维方式的三个重要特征

我的灵魂，灵巧地飘忽游移，
似沉醉于波涛中的矫健泳者，
欣然穿梭在一片壮阔广博里，
雄姿英发，满怀无以言表之欢乐。

——夏尔·波德莱尔

我们认为很有必要对嗜思认知者做出更加精确的定义。

我在，故我思：超常思辨

我们观察到，嗜思认知者身上毫无例外都具备的，可能是最容易辨识的特异之处，就是他们对思辨近乎"生死攸关"的投入，我们称之为"超常思辨"。思考对他们来说是一种需求，甚至是一种强迫行为。我们注意到，他们痴迷于通过推论(逻辑推理)筛查日常生活中的信息，甚至是很寻常的信息；即使要质疑被普遍认可的确定性，他们也会习惯性地在所不辞。他们不满足于"就是这样的"。哪怕事情对大众来说是显而易见的，他们也要按照自己的筛查标准，去寻求逻辑严密的解释。所以，他们身上总是体现着尖锐的批判精神，并且他们经常进行哲学式的追问——我们这里所说的"哲学式追问"是指，个体对其所处世界的普遍规律及个体在世界中定位的一切追问。

哲学探讨、思考和对世界进行追问的范围很广泛，包括在天文学、政治学、经济学、社会学、生物学、心理学、科学等各方面的思考。而且，根据不同条件，这种永不间断的思考要么指向某个特定目标，要么指向虚无——大多数情况下指向虚无，类似于"为思考而思考"。此外，嗜思认知者还表现出超常控制的特征，即掌控一切的热望。超常控制在此是指，他们不可遏制地想要通过思维(分析、合理化、规划、预测、概念化、完美主义、想象)实现对事件及自身恐惧的掌控(或重新掌控)。

除了这种思考的本能需求，超常思辨还表现为渴望在新观念基础上构建结论，并且在此基础上外推。一切外部刺激都要接受精神思辨的考量，使思考不断经受逻辑、事例及反例的检验，以便于完成推理，给哪怕最微不足道的实践经验赋予意义。我们称这些过程为"执行功能",包括从规划到分步骤地执行。

从解剖学上看,这些高水平功能的神经基础是执行网络[4] (réseau exécutif)。脑成像显示,执行网络利用的是额-顶叶系统,这个系统主要连接脑半球的两个侧区域,即背外侧前额叶皮质和侧后顶叶皮质。受到外部刺激之后,前额叶皮质负责处理高级执行功能,如逻辑推理、观念或概念的操控、规划,同时需要调动工作记忆能力、控制能力、抑制能力和思想及行为的调整能力。前额叶区域与后顶叶皮质用于处理感觉-运动和视觉-空间事宜的区域直接连接(见本书第三章)。

就像第六感:超常敏锐

在嗜思认知者身上可以观察到的第二个特征是,他们在情绪、运动及感觉感知方面超常敏锐。值得注意的是,他们在前面提到的这些方面的感受性很强。当涉及获取和分析内外部数据(更愿意听从感官感受,更容易感知到噪声、气味或情绪……)的时候,这种高感受性既可能是优点,也可能成为弱点。事实上,同时事无巨细地收集大量感觉信息,可能会造成信息过量和混乱,重要信息与次要信息或无关信息无法被区分开来,重要信息无法被优先处理。更确切地说,对情绪的超常敏感一方面是指更容易捕捉到他人的情绪表现，另一方面则是指更容易强化情绪体验，这种增强的情绪既容易令人兴奋，也容易使人处于不利地位。而超常感觉一般表现为对感官环境的细腻感知。这种敏锐可以使个体更准确地把握外界刺激以做好预警，并更好地做到与外界步调一致。但是，它同时也很容易因为信息过量而对大脑产生误导。此外，超常敏锐还体现为高度发达的本体感觉(proprioception)或"超常的本体感觉"，即以极其敏锐的方式感知与以下几个方面相关的内外部数据的能力：身体在空间中的定位、协调、支撑和平衡。正如其他方面的超常敏锐一样，这种细腻的本体感觉既可能是一种优点，也可能成为一种弱点。尤其是，如果感知到的信息太多、太密集，身体反而无法行动〔发展性协调障碍（dyspraxie）〕，那么此时个体就无法辨别相关信息，进而导致面对相应环境时出现身体调节障碍。最后，将情绪的超常敏感、超常感觉和超本体感觉这三重维度的超常敏锐综合在一起，会使嗜思认知者整体上表现出非常强大的预感能力（直觉和本能，见第二章"听从本能！"）——尽管他们未必能够充分重视或正确解读自己的预感——以及对死亡及其相关问题过早地产生敏锐的意识。

从功能解剖学上看，预警和超常敏锐功能的神经基础是突显网络(réseau de la saillance)。脑成像显示，突显网络主要用于控制我们的注意力，以优化我们的情感和社交行为。参与突显网络的有皮质区域和皮质下区域。其中皮质区域包括前岛叶和背侧前扣带回皮质，皮质下区域有杏仁核、黑质、腹侧被盖区[属于奖赏网络（réseau de la récompense）]以及丘脑。岛叶参与情绪、痛苦（以及厌恶）和同理心的管理，它在同情冥想时尤其活跃。背侧前扣带回皮质主要参与内外部偏差和冲突的管理。突显网络的主要作用是维持外部刺激与内部反应的一致和平衡，而这一切又都是在社会-情绪奖赏系统的主导之下进行的。皮质下边缘结构杏仁核和伏隔核是情绪网络的支柱，负责管理恐惧、愉悦、激情与生理痛苦、情感痛苦及道德痛苦。总之，突显网络的作用是优化注意力的分配，使注意力集中到对象、感觉或目的上，不管后者是源自内部的还是外部的。它就像是一个"车站站长"，负责引导注意力和工作记忆能力去处理所获取的信息（见本书第三章）。

观念的持续重组：超常迁移

嗜思认知者的第三个特征是超常贯注。这一过程主要是无意识的，往往不被外界所察觉，只有其结果偶尔会被外界发现。在此过程中，大脑对它所经历的最新经验进行重组，并将其与以往的同类经验进行比较，以形成对现实的理解和阐释模式，还会将这种模式投射到新的情境或观念，以及未来的各种类似情况中。我们称这种现象为"迁移"。具体到我们关注的嗜思认知者身上则为超常迁移。

这首先意味着，一旦大脑进入静息状态并开始神游，呈树状结构的类比思维就启动了。在乘车的时候、淋浴的时候、休息的时候、将要睡着的时候，或者在做不需要集中选择性注意力的机械化工作的时候，我们都体验过某种思想的自娱自乐：思绪向各个方向发散，从一个对象跳跃到另一个对象，对象之间没有过渡，没有关联。这种散漫的思绪在一开始的时候往往显得毫无意义，但是，它对建立起既有经验与大脑接收到的现实刺激之间的连接却具有重要作用，有时候突然就会"灵光一闪"[5]。其主要途径是检索记忆信息，并将其与现实状况相比较。如此一来，大脑就将过去与现在组合在一起。大脑通过提取和对照同类情况而发现规律，构建起一种完整的模式。随后，大脑就可以利用这种模式为类似的情况提供尽可能完善的应答。迁移现象是一切学习的基石，它在本书研究的嗜思认知者身上普遍存在。与平常人群相比，嗜思认知者更频繁、更强烈地表现出思想的超常贯注和无休止的形而上分析。而正是这种超常贯注和形而上分析，使理解（或整合）更高明，使学习变得更容易。

然而，同样拜类比思维进程所赐，嗜思认知者也更容易遭受反刍思维（rumination mentale）的危害。事实上，如果大脑思维不能（或尚未）从重组中发现一致性，即规律性，它就没办法整合新信息，也没办法解决问题或进行学习。如果不能进行必要的比较对照以建立新模式或将新信息整合进既有模式，思维就会陷入循环，彼时人往往会因挫折感而产生负面情绪。我们所有人都有过这种情况，比如在比较紧张的情况下大脑不能给出明确的解决方案。不过，对于我们关注的嗜思认知者来说，他的反刍思维似乎出现得尤为频繁。这倒不是因为他比普通人更容易紧张，而是因为他很自然地、习惯性地对发生在自己身上的一切事件提出疑问并寻找答案。尤其当大脑明显处于静息状态的时候，他就会运用散漫的思绪来做这种事情。非常幸运的是，他的大脑能够通过自由类比思维（尤其是将注意力从某一项工作或某一个特定想法分散开），快速地建立事件之间的联系，而这种能力可以帮助他从反刍思维中解脱出来。

这种重组操作构成了学习和解决问题的基本元素。同时，得益于观念重组产生的精神模拟机制，它也成为产生新观念的源泉。事实上，处于静息状态的大脑通过散漫的类比思维将新旧经验进行对照，通过模拟新的可能性，对当下和未来的可能性进行预测，从而勇敢地进行推论，施以更多作为。这种大脑运作模式是创造性和（或）概念化的无与伦比的基石，它在嗜思认知者身上体现得尤为明显。

从功能解剖学上看，这种有意识或无意识的思维功能在静息状态时特别活跃。也正是在静息状态时，闲暇的注意力才转向了想象力和创造力。这一功能的神经基础是默认网络 (réseau par défaut)。如今，我们利用脑成像技术发现，默认网络的信号情况与执行网络恰恰相反。默认网络主要处理内部信息，如内部语言、内省、反省意识或自我控制。默认网络主要包括四个区域：两个中央区域，即中央前额叶皮质和后扣带回皮质；两个侧区域，即颞顶联合区[6]。在对外部刺激进行认知处理的时候，默认网络处于关闭状态。默认网络的主要功能是整合主体内部的、内省的认知活动。从解剖学上看，顶叶区域与位于颞叶的海马体的位置非常接近。人们认为顶叶区域的功能是唤醒情节记忆及语义记忆、自省意识和自传体记忆的构建。例如，癫痫发作引起的意识丧失与海马体和后扣带回皮质之间的联系中断有关。前额叶区域则与自我控制、情绪调节及高级社会认知功能的处理有关 (见本书第三章)。

三倍的优势！

这三个心理-行为方面的特征，加上作为基础的三个大脑神经网络，构成了一套高水平的整体认知装置 (见图1)。

这套认知装置就像是一个更强大的引擎或处理器，它在处理外部刺激或内部存储信息的时候，速度更快，质量更好。我们的研究表明，从大脑连接方面看，嗜思认知儿童的大脑连接性整体上明显更强，不管是大脑的两个半球之间的连接，还是半球内部的连接。嗜思认知者的大脑连接性整体上更强，这意味着其处理和传递神经信息的整体效率更高。这也证实了我们关于嗜思认知者的假说，即他们的整体认知能力更强，而非特定的认知能力更强。

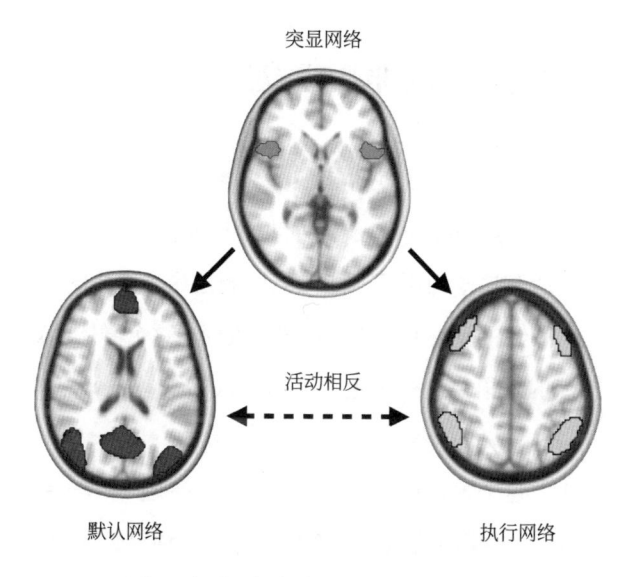

图1　与嗜思认知相关的三大功能网络

核磁共振成像显示，构成三大功能网络的主要区域有：

（1）默认网络，包括四个区域：两个中央区域，即中央前额叶皮质和后扣带回皮质，以及两个侧区域，即颞顶联合区。

（2）执行网络，包括连接脑半球两个侧区域的额-顶叶系统，即背外侧前额叶皮质和侧后顶叶皮质。

（3）突显网络，包括前岛叶区域，情绪网络的部分区域如背侧前扣带回皮质、杏仁核和伏隔核，以及奖赏网络的部分区域，如黑质和腹侧被盖区。

如何称呼这类非典型沉思者？

长期以来，人们使用诸如"天赋超常""聪颖早慧""高潜能"这样的词语以及各种动物名称来形容这个群体。但是，所有这些词语都不能完整地概括这个群体的特征。因此，我们希望找到一个能完整地表现出这个群体认知功能特点的术语，最终选定了"嗜思认知"（法语：philo-cognition。其中philo的意思是"对……表现出兴趣"，cognition是指有意识及无意识的全部精神活动）。事实上，这个术语首先是指一种明显的兴趣（甚至是一种深层次的需求）和大规模调动思维的高级能力。这种对思维的大规模调动主要表现在三个方面：积极的、强迫性的思考（超常思辨），高度的敏感性和警觉性（超常敏锐），以及超级发达的自动类比思考（超常迁移）。不过，前缀"philo"还表示持续性的哲学思考需求，即通过形而上的或精神的方式，追问处在环境中以及处在与他人关系中的人的重大存在性原则问题，追问个体在世界中的定位问题。作为嗜思认知者，不管是儿童还是成年人，他的整体接收能力都很强大，因此他能够更快和（或）更强烈地察觉并接收一切相关刺激，并将其整合进完善的推理体系。

从这个意义上说，嗜思认知者在思考过程中需要调动高超的能力，通过高水平的观念组合进行推论、追问并产生新观念，甚至要利用敏锐的感觉雷达来接收信息数据以满足其推理需要。他不一定是天才，也不一定是在某一特定领域特别有天赋的人。他虽然擅长思考，但是不一定擅长行动，所以他也不一定比其他人更有能力。嗜思认知者的认知系统整体上高度敏锐，这使他能够在整体上比大多数人思考得更好、更多。他所感兴趣的就是思考，且总是思考，有时候思考到疯狂，甚至上瘾，以至于我们可以称之为"认知狂"。很显然，嗜思认知者的这种不可遏制的思考需求并非总能被外人察觉。虽然对大多数人来说，这种思考需求微不足道，但在日常生活中的每一分每一秒，嗜思认知者都在这种需求的推动之下去思考，去追问。

嗜思认知者会想什么？

在咖啡馆里喝咖啡的时候，我应该怎么喝才能尽可能不让自己的嘴接触到这个杯子上其他人接触过的地方？

当我仰望天空的时候，天际在何处？天空何时变蓝了？

为什么我的意识存在于我的身体之中，而不是存在于其他人的身体里？

当我们说"着凉了"的时候，真的是寒冷让我们生病的吗？如果是，那么是否存在一个固定的外部温度，只要达到那个温度，我们就会生病呢？抑或是个人感知到的相对寒冷使我们生病了呢？如果是这样的话，那么是不是怕冷的人更容易生病呢？

为什么我自己发出的噪声不会打扰到我（比如掰手指），而别人发出的噪声就会打扰到我呢？

在遇到饥荒的时候，肥胖的人是会因为在身体里存储了大量脂肪而幸存下来，还是会因为身体不习惯挨饿反而面临更大的死亡威胁？

都说热空气向上运动，那么为什么山上反而更冷呢？

如果我喜欢某件衣服或某个名字，那么这种喜欢是因为我的个人品位、我的个性,还是时代(时尚)对我的影响呢?

为什么父母的房间往往比孩子们的房间更大,父母拥有整个房子而孩子们只有一个小房间,既当他们的卧室又是他们的客厅、办公室和娱乐室?

为什么人有羞耻感而动物没有?是做聋哑人好还是做盲人好?"

……

我点了一杯咖啡。

然后我严肃地盯着咖啡馆招待员的眼睛——这个可怜人根本没有料到整个人类正通过他接受一次考试。[7]

——罗曼·加里

任一时刻,嗜思认知者都可能开始追问。通常,他甚至没能完全意识到这一点。这并不是说普通人都不思考这类问题。不过,大部分人思考这类问题不像嗜思认知者那么频繁,那么自然。对嗜思认知者来说,"自我追问就像呼吸一样",强化思考是他优先选择的功能模式。他无法不追问,甚至对显而易见的事情也无法不追问。但是正因为如此,他持续不断的超常认知活动转而会对他不利。尤其是，如果他接收的各类信息的数量过于庞大，超过他的感知或推理极限，就会妨碍他做出行动反应；当他试图掌控所有的输入信息时，他就会否认自己的情绪。鉴于他的认知系统的整体素质的表现，他比一般人更清楚周围世界的来龙去脉。这种情况使他变得更加愤世嫉俗，也更容易遭受压力、忧郁思想及躯体化[8]（somatisation）的困扰，虽然不一定会因此而达到病态的程度。这就使陪护他变得更加困难。事实上，陪护尚未达到病态但时常在病态边缘徘徊的人真是太难了。相比较而言，陪护那些确诊病例反而更容易。

有两种乐队指挥：
头脑中有乐谱的和乐谱中有头脑的。
——阿图罗·托斯卡尼尼[9]（Arturo Toscanini）

两种类型

时至今日，人们仍然普遍认为，具有非典型智力的人适应社会的能力肯定很差，这样的人肯定满脑子忧郁思想，或者有强迫症、注意力障碍，易冲动。事实上，这种人物特点只与某些嗜思认知者匹配，远不足以用来描述全部嗜思认知者的特征。我们在工作中每天都要面对各种嗜思认知者。有些嗜思认知者确实表现出复合的行为障碍，但是也有些嗜思认知者并不会如此；有些嗜思认知者想象力泛滥，情绪丰富而强烈，但是也有些嗜思认知者表现得非常理性，极少有情绪。

因此，我们认为有必要给嗜思认知者群体一个更明确、更有辨识度的描述。我们明确地发现嗜思认知者有两种类型：紊流型和层流型。虽然他们都是嗜思认知者，但是他们在理解世界的方式、与自身的关系及行为方面表现出来的特点不尽相同。

紊流型嗜思认知者和层流型嗜思认知者

世界因极致而有价值，

因凡俗而能存留。

——保罗·瓦勒里[10]（Paul Valéry）

"层流[11]"和"紊流[12]"是两个从流体力学中借用过来的词语。层流的流动比较有规律，方向固定，流动方式稳定，因此具有良好的可预测性。与之相反，紊流的流动方式很复杂，没有规律，方向不一致且多变，因此具有很大的不稳定性。

在日常生活中，层流型嗜思认知者的与众不同，往往通过以下几个方面表现出来：他们眼界高远，判断普遍客观且逻辑严密，行为比较节制有分寸，社会适应性较强，往往在多个不同领域都具有天生才干。在认知测试（韦氏智力测试）中，他们的各项评估指标往往高度一致，总的智商值都很高（普遍高于140）。

相反，紊流型嗜思认知者的想法往往是一闪而过的，据此做出的判断带有情绪色彩，很主观，很不切实际。他们行为夸张，不乏荒唐怪诞，很难具有一致性。他们可能在有些方面才干非凡，却在另外一些方面表现得很不成熟。这种现象被称为认知发展失衡，因为在认知测试中，他们的各项评估指标往往很不一致。最常见的是，他们的某一项推理能力指标水平特别高[一般是指言语理解，有时候也指知觉推理、流体智力[13]（raisonnement fluide）或定量推理]，但是他们的工作记忆或者信息处理速度从低水平至中高水平不等，智商值普遍在120~135之间。这一现象令人很难理解。

既非完全一样，又非完全不同

紊流型嗜思认知者与层流型嗜思认知者都属于嗜思认知者。他们主要的思辨、情绪和行为表现是一致的。因此我们可以认为，这两种类型的人的关系类似于表亲。他们有

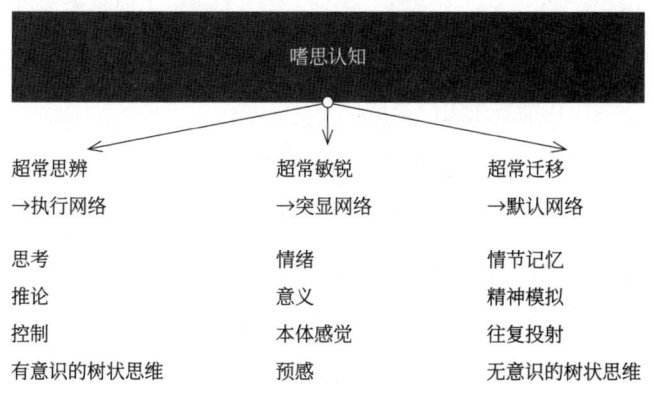

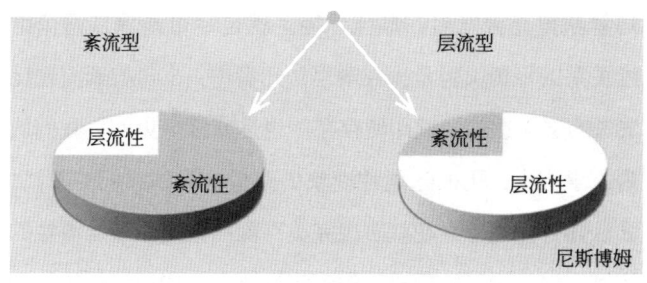

共同的机能和文化背景，但是也有各自的独特之处(见图2)。

```
                        嗜思认知
                            |
     ┌──────────────────────┼──────────────────────┐
     ↓                      ↓                      ↓
超常思辨              超常敏锐              超常迁移
→执行网络              →突显网络              →默认网络

思考                  情绪                  情节记忆
推论                  意义                  精神模拟
控制                  本体感觉              往复投射
有意识的树状思维      预感                  无意识的树状思维
```

紊流型　　　　　　　　　　　层流型

　层流性　　　　　　　　　　　紊流性
　紊流性　　　　　　　　　　　层流性

尼斯博姆

图2　嗜思认知模型

此外，应该指出的是，每个嗜思认知者身上都存在紊流性和层流性这两个维度。但是，对每个嗜思认知者特点的描述往往体现出，这两个维度之中的某一个维度会在不同程度上占据主导地位，比如90%的紊流性比10%的层流性、75%的层流性比25%的紊流性、60%的紊流性比40%

的层流性……另外，虽然嗜思认知的属性永远不会消失（除非发生病理性的变化，否则嗜思认知者终其一生都是嗜思认知者），但是紊流性维度和层流性维度的比例却是可以改变的，尽管这种比例始终不可能发生主次颠倒。

事实上，随着年龄、生活环境、个人经验及工作的变化，所有的嗜思认知者都会逐渐地偏于"层流化"或偏于"紊流化"，但是，他们所具有的占主导地位的维度是永远不会变的。尤其当他们身处危险境地的时候，他们的主导维度总是会表现得更明显。人们普遍认为，嗜思认知者获得充分发展的最佳途径，就是尽可能保持两个维度关系的平衡。但是，在嗜思认知者中，50%的紊流性比50%的层流性的情况即使存在，也是非常少见的。我们认为，事实上，下面这两种现象仍然极少得到人们的关注，即认知身份建立之初就实现完美平衡的紊流性和层流性的比例，以及为了实现50%的紊流性比50%的层流性的比例而随着时间的推移不断自我调节的行为。我们的研究[14]显示，嗜思认知儿童的大脑连接性比较强。其中，紊流型嗜思认知儿童的大脑连接性优势约60%位于左半脑，而层流型嗜思认知儿童的大脑连接性优势约60%位于右半脑。这意味着，每种类型中的两个维度的初始比例通常为6∶4。

为了更容易理解，接下来我们将分章节介绍这两种纯粹的类型。

1. Terrassier J.-C., « Les enfants intellectuellement précoces », *Archives de pédiatrie*, 2009, 16, p. 1603-1606.
2. 巴纳姆效应指的是一种认知偏差，即个体认为，针对自己的某种人格描述具有极高的准确性，仿佛为自己量身定做。实际上这种描述十分模糊和普遍，可适用于广泛的人群。——译者注
3. 《拉鲁斯》是经典的法语词典。——译者注
4. Menon v., « Large-scale brain networks and psychopathology : A unifying triple network model », *Trends in Cognitive Sciences*, 2011, 15 (10), p. 483-506.
5. 原文是"Eureka"，意思是"有了！有办法了！我发现了！我想出来了！"。——译者注
6. 一个位于内侧颞叶（海马体），用于外显记忆，一个位于下顶叶皮层（角回），用于语义处理。——译者注
7. 出自《童年的许诺》，罗曼·加里著，倪维中译，人民文学出版社，2008年出版。——译者注
8. 躯体化是指心理冲突和痛苦不为受检者所察觉，却以躯体不适或躯体功能障碍的形式表现出来的精神病理过程。——译者注
9. 阿图罗·托斯卡尼尼（1867—1957），意大利指挥家。他的指挥艺术在世界上有着极大的影响。——译者注
10. 保罗·瓦勒里（1871—1945），法国作家、诗人，法兰西学术院院士。除了小说、诗歌、戏剧，他还撰写了大量关于艺术、历史、文学、音乐、政治、时事的文章，是法国象征主义后期诗人的主要代表。——译者注
11. 层流是指黏性流体互不混掺的层状运动。——译者注
12. 紊流是指速度、压强等流动要素随时间和空间作随机变化，质点轨迹曲折杂乱、互相混掺的流体运动。——译者注
13. 流体智力，指在新异且无固定答案的情况下，个体表现出的信息加工、随机应变和解决问题的能力。流体智力是一种以生理为基础的认知能力，受先天遗传因素的影响较大。——译者注
14. Nusbaum F. *et al.*, « Hemispheric differences in white matter microstructure between two profiles of children with high intelligence quotient *vs.* controls : A tract-based spatial statistics study », *Frontiers in Neuroscience*, 2017, 11, p. 173.

第二章

拓荒者：
萦流型嗜思认知者

面对生之奥秘,
我心潮澎湃。
由此产生美和真,
激发艺术和科学。

J'éprouve l'émotion la plus forte
devant le mysterede la vie.
Ce sentiment fonde le beau et le vrai,
il suscite l'art et la science.

Albert Einstein

阿尔伯特·爱因斯坦

紊流型嗜思认知者是很不简单的！他光彩照人、创意无限、魅力四射、别出心裁、感知敏锐、情绪敏感。这种种特质，令他的内心充满激情，然而他与周围环境的关系也因此变得不太稳定。

"头脑风暴"永远在寻求真理和意义。然而不切实际的想法很难找到出路，也很难适应当下的现实。他会仅仅因为一个微笑或一个指责就心慌意乱。所以，"革命"总是一种选择！

生动的比喻

如果是一种动物，那么它可能是狨猴

狨猴原本生活在亚马孙丛林中，它们相貌奇特，很讨人喜欢，不过也特别容易惹人发怒。人们训练它们适应恶劣环境、表演杂技。无论哪种狨猴，其长相都不太像人们常见的其他灵长类动物，它们看起来更像是杂交的。确切地说，它们像是狐猴和某种长毛猴的杂交品。它们的体型、外表、天赋和它们活蹦乱跳的样子都惹人怜爱，但是，它们的叫声尖锐甚至刺耳，它们喋喋不休、滑稽可笑，这为它们赢得了"丛林话痨"的绰号，难免使人对它们敬而远之。

为了使自己变得伟大，

我打肿脸充胖子，

不顾自己的条件扯着嗓子拼命喊，

却发出吱吱嘎嘎的声音。

我踮起脚尖，以便显得高大。

我一心想表现自己。[1]

——罗曼·加里

除非外界环境做好了与紊流型嗜思认知者相遇的准备，否则，外界环境会像对待狨猴一样，把紊流型嗜思认知者视为徒具人类形骸的天外来客。简而言之，周围的人会这样评价紊流型嗜思认知者："他看起来是本地人，实际上是外来客。"事实上，从外表来看，紊流型嗜思认知者和普通人一样。但是，他的行为和思维模式又与普通人迥然不同，以至于会让我们对其感到陌生。他时而表现惊人、与众不同、不可预测，时而与周围环境格格不入，甚至在其从属的世界中处于弱势地位。他像是两个物种的杂交品：一个物种是资深的、见多识广的；另一个物种是初出茅庐、适应能力很差但极具天赋的。

紊流型嗜思认知者是那种立刻就能引人注目的人。人们很难不注意到他。他往往从年幼时就表现出目光锐利、精力旺盛的特点。他给人的感觉,要么魅力十足,要么令人反感。他可能让别人一下子就喜欢上,也可能让别人一下子就感到恼怒,中间没有缓冲地带。这种富有鲜明特色的存在很容易引起别人的好奇。

由于他习惯于"强行"将自己的想法塞给外界,因此人们会觉得他咄咄逼人,与现实脱节,甚至有挑衅意味,然而又是那么有趣!人们能够认出他,有时是因为他态度极端,指手画脚,不遗余力地表现自己;有时恰恰相反,他会表现出明显的退缩态度,甚至被称为"热情洋溢的退缩"。不过,他并不是想要谨慎地与外界保持距离,而是在有意无意地向世界表明他无心跟世界"捣乱"。

紊流型嗜思认知者这种对环境的轻视,显然只是一种姿态,其原因往往是外界抛弃了他。而外界之所以抛弃他,往往是因为他自身与外界格格不入。这就形成了一种永续互动的循环。

紊流型嗜思认知者的行为变化无常,时而激奋,时而稳重。一旦跟他接触,人们就会发现,他的行为很难预测,他的内心世界同样令人费解。因为对他不理解,周围的人要么对他痴迷有加,要么对他敷衍了事。因此,对艾米·怀恩豪斯[2](Amy Winehouse)或迈克尔·杰克逊(Michael Jackson),人们要么欣赏,要么反感。这些艺术家的天赋无可否认。

他们总是不断思考，疯狂尝试，不惜任何代价地吸引或者逃避关注，强势地表现出他们的与众不同。但是，每当遭遇现实的挫折，他们又会退而向毒品或梦幻岛[3]去寻求安慰。

● 建议 ●

紊流型嗜思认知者习惯于认为，他表现出才华的闪光点，人们会因此欣赏、器重他。因此，他会努力重复那种能够塑造自己匪夷所思形象的行为。长期以来，紊流型嗜思认知者一直怀有这样的错觉：努力上进或者高效工作只会显得缺乏才干或智力低下；跟认真勤恳相比，凭借灵光乍现才能获得更多尊重。这种错觉在很大程度上捉弄了他，使他过分依赖天分。如此一来，他在人们眼中就变成了懒汉，不值得信赖，也因此白白糟蹋了自己的才华。如果他只是滥用天赋，一点儿也没表现出稳定可靠，那么，人们很难主动给予他信任或尊重。

面对这种人，人们只会敬而远之。为了避免这种情况，紊流型嗜思认知者应该尽早习得勤劳的美德。勤劳是一把重要的撒手锏，它不仅能使个体最大化地组合及增强才干，还可以助其赢得外界的尊重。粗糙的原石得不到任何尊重，只有用耐心细致打磨出来的石器才能得到最大的认可。简单来说，猕猴要做的，就是集中精力！

如果是一种能量，那么它可能是自由的、湍急的

萦流型嗜思认知者自带光环，很容易营造出带"电"的氛围，使现场气氛朝积极或消极的方向发展。当然了，他并不是一个能给大家带来安全感的人。不过，在激励、推动、刺激大家，鼓舞大家的勇气及开辟新道路方面，无人能望其项背。萦流型嗜思认知者特别能够同时激起人们的仇恨和热情。他既可以是独裁者，也可以是领导者。

他的能量常常在冲动之下喷涌而出，这使他具备了毁灭世界，或是在一切都似乎无可挽回之时拯救世界的能力。尽管他给人的感觉往往是不值得信赖的，但是在绝望时刻，人们往往还是可以指望他的，虽然不一定指望由他来稳定局面。

只有当他的能量急流得到妥善利用的时候，他才会热切渴望新体验，这使他能够非常好地适应相关系统内的新事物（在系统之外，他则表现出较差的适应性）。相反，这种能量如果不能得到妥善利用，则会变成抗拒改变的力量，具有极大的反作用。

萦流型嗜思认知者释放的能量是自由的，它自然而然地为其所在的系统带来力量。

但是，紊流型嗜思认知者并非因此而必然是一个精力充沛的人[如赛日·甘斯布[4](Serge Gainsbourg)]。然而，人们往往还是将紊流型嗜思认知者与过度活跃或冲动联系在一起。对于紊流型嗜思认知儿童，人们时常会有这类评价："没法老实待在座位上""在课堂上不合时宜地插话""一心多用""无法接受挫折"……

这种过度活跃(或冲动)既有促进作用，又有干扰作用：一方面，它加快了紊流型嗜思认知者原本就迅捷无比的思维；另一方面，由于注意力较弱，迅速推进的思维有时会造成信息丢失和某种程度的混乱。这种过度活跃的紊流型嗜思认知者的典范，要数拿破仑·波拿巴。他总是不停地通过思考、战略或行动来寻求刺激。他一出场，氛围就带电。

如果注意力问题进一步向病态的方向发展，则有可能发展为注意缺陷多动障碍[5](简称TDA/H)。如果一个紊流型嗜思认知者患有这种疾病，尽管他是嗜思认知者，也会受到注意力缺失的严重拖累：他会发现自己没办法集中注意力，哪怕是几分钟都不行；他会神游物外；他完全没办法规划、组织或制订任何策略。这种注意力障碍有时会伴随过度活跃，往往妨碍我们对嗜思认知的探查。

建议

在进行智力测试的时候（通常是依据韦氏智力量表进行测试，并且根据年龄不同依据不同的韦氏量表，如韦氏学前和小学儿童智力量表、韦氏儿童智力量表和韦氏成人智力量表），测试结果显示，有些被试有注意力障碍或者抑制障碍（很难抑制自己的冲动）。事实上，在这些精神障碍背后，恰恰隐藏着嗜思认知。针对注意力障碍或抑制障碍问题，智力测试得出的结论非常片面，因此很有必要对这些方面的认知进行完整的评估。但是，神经心理学评估也有其局限性。事实上，分项测试是在理想化的"无菌"环境（这种环境无法还原个体的日常生活模式）中进行的。因此，被试对这些测试评估的反应和他们在现实生活中的实际反应就可能会不一致。从另一方面来说，如果测试人员发现被试过度活跃，但是没有注意力障碍，那可能是运气！实际上，如果这种可持续的能量被引向目标活动，它将产生巨大的创造力。

如果是一种姿态，那么它可能是追求极致

从某种意义上讲，
他们做得很有道理……
这样做，耶稣就不会被钉死在十字架上，

文森特·凡·高可以不必画画，

……

这样做，也可以阻止教堂、博物馆、帝国和文明的诞生，以便把它们并入同一虚无之中。[6]

——罗曼·加里

紊流型嗜思认知者的行为果断地指向有或无。他不断寻求刺激，挑战极限，而且，奇怪的是，他有强烈的控制需求。凡此种种，促使他追求感觉的极致，并且凡事总要做到超越一般水平。他要么过分依赖毒品、酒精，或者暴饮暴食，要么恰恰相反，与这些事完全不沾边。在运动、艺术、音乐或娱乐方面，他也表现出追求极致的特性：一旦从事哪一项活动，他就非常投入，甚至就像着魔似的；一旦对该活动失去了兴趣，他就突然转向另外一项活动。例如阿蒂尔·兰波[7]（Arthur Rimbaud），他在19岁的时候突然放弃了诗歌，转而去阿比西尼亚（Abyssinie）走私武器。我们会发现，紊流型嗜思认知者就是如此热情地投入到每一项活动中。可是，一旦他觉得某项活动不够刺激、不够新颖了，他就会立刻弃之如敝屣。

不是燃情之至，

就是无聊透顶。

——萨沙·吉特里[8]（Sacha Guitry）

 紊流型嗜思认知者缺乏毅力，一旦时过境迁、激情退却，他就很难再坚持下去。因此，紊流型嗜思认知者很难将一个项目进行到底。通常情况下，他需要长时间的学习和自律约束才能坚持完成手头上的事情。他的原动力就是追求新奇，他需要巨大的能量才能在兴奋劲儿消失之后继续努力。很多紊流型嗜思认知者，不管是儿童还是成年人，当他们围绕某项活动"溜达了一圈儿"之后，很快就感到了厌倦，仅仅是"溜达一圈儿"并不是"深入了解"。一旦紊流型嗜思认知者明白了（并非整合了）某项活动的一般原则，他便随即对这项活动失去了兴趣。如果是课外活动或业余活动，这种半途而废倒也无伤大雅。如果事关谋生大计，那后果可就严重了。在这种情况下，烦恼厌倦让位给消极怠惰。孩子可能会面临学业失败，成年人可能会走马灯似的跳槽，往往一份工作尚未稳固，又迫不及待地开启更加刺激的新篇章，这也造成其履历的断裂，表现为职业生涯不连贯或者长期失业。此外，按照他的脾性，对于他认为在智力、身份或社交方面过于普通、中规中矩的那些人，他通常是不太信任的。

富人总能给我留下印象。

穷人同样能给我留下印象。

只有庸人令我毫无印象。

——萨尔瓦多·达利[9]

素流型嗜思认知者的这种追求极致也表现为他对思考的贪婪、狂热和饥渴。事实上,他的精神总是不眠不休。他必须得琢磨点什么,不管琢磨什么都行,比如"我面前的苹果为什么是红的""宇宙大爆炸之前有什么""如何阻止全球变暖",或者"为什么这个朋友对我似笑非笑的"……

我兴奋地等待着答复,

由于能有片刻不必思考的安宁,

真是令人愉悦。

然后就得思考另一个问题了。

——阿尔伯特·温(Albert Win)

● 建议 ●

给成年人的建议

重要的是,所从事的工作至少具备以下的一个特征:

由连续的中短期任务或项目组成的工作，例如项目经理的工作。项目经理负责从项目设计到项目完成的整个流程的工作。等到项目完成之后，项目经理就转向新的项目。

多方面综合的工作，例如教研员的工作。教研员在一天之内可能要做许多不同类型的工作——教授两个小时的大学课程、撰写自己研究领域的文章、开会，以及做行政管理工作。

可以调动强烈情绪的工作，例如艺术家的工作。艺术家通过创作不断重塑自身，并且会从公众那里获得大量的情绪反馈。

需要解开谜底或者解决问题的工作，例如调查记者或调查员的工作。调查记者或调查员需要追踪线索，找出迹象，并构建理论。

无缘绝对者，
易安于平庸。

——保罗·塞尚[10]

针对孩子们的建议

作业方面：把每个科目的作业都分成短小的几个部

分；提前规划好休息时间，但是休息时间要短（免得因休息太久而不愿意继续前行）；寻找多样化的学习方法。例如，学10分钟实际应用类的数学，再学10分钟由实验组成的科学，休息5分钟，再运用角色扮演的形式学10分钟法语。

丰富孩子的课外活动，充分利用孩子的创造力及其对解谜活动的兴趣，无须在意活动数量。例如绘画、雕刻、音乐、书法、运动、天文学、信息科学、建筑学……

给孩子和成年人的建议

在工作时间之外或者在业余活动之外，要充分利用"思维的制动器"。它不一定非要阻止人思考，例如填字游戏、数独、拼图、谜语、纸牌游戏、电子游戏（是可以的！）……这些活动在使人们思考的同时能够让大脑获得休息，让人摆脱焦虑。这简直就是可以让紊流型嗜思认知者实现放松的理想的"鸡尾酒"。

紊流型嗜思认知者的脑海中想的是……

阐释世界

突然间，您看到太阳升起来了。
太阳在半夜里升起来了！

——好吧，我……我想我肯定已经疯了。

——而我，恰恰相反，我想肯定是太阳疯了！

——萨尔瓦多·达利

我们在里昂研究[11]中已经发现，与具有正常认知发展水平的儿童相比，紊流型嗜思认知儿童的大脑连接性更强，这种优势在左脑中比在右脑中表现得更明显（左脑60%，右脑40%）。有关脑功能侧化的最新数据为理解优势半脑的相关功能提供了新的维度。众所周知，左脑主管语言处理，这或许能解释为什么在智商测试中（韦氏量表），紊流型嗜思认知者的语言理解指数往往比其他指数高出很多。同时，左脑还参与偏分析性的功能模式。它按顺序研究细节，并对来自外部的信息进行阐释以使其符合内在理论。因此，在收集外部信息并按照自己对现实的看法将之同化进既有模式方面，紊流型嗜思认知者表现出无与伦比的能力。每一个外部元素都要经过筛选和阐释，这一过程更加明确和加强了他从外到内把握事物的一贯方式：筛选、阐释、同化进内部模式。

这种现象非常明显，更何况现在已知左脑与右脑情况相反，左脑更多的是内循环运转，是独立的闭环运行。因此，如果切断左右脑之间的连接，左脑可以继续独立运转,右脑则不行。这种大脑运转模式,赋予紊流型嗜思认知者气象万千、多姿多彩的内心世界,赋予他丰富的想象力,从而使他拥有与"现实"生活平行的完整的内心生活。

> 我曾经是居无定所的旅人,
> 正因如此,我的想象力得以发展。
> ——伊夫·圣·罗兰[12]

左脑语言网络不仅能够调动语言能力,同时还增强了思维的独立性和封闭性。这就使紊流型嗜思认知者跟其他人相比不那么容易受影响,不过有时候他也会因此更加死板固执,更加"坚强不屈"。这或许也解释了为什么他擅长提出新颖的观点,有些观点甚至会被人认为很"怪诞"。事实上,他的思想往往另辟蹊径,与现实脱节。因为,他的思想要与他的内部模式保持一致,也就未必能与现实保持一致了。我们可以举出很多艺术家、文学家的例子[画家、雕刻家、作家,如文森特·凡·高、阿梅代奥·莫迪利亚尼[13](Amedeo Modigliani)、埃德加·爱伦·坡[14]],甚至科学家或政治家的例子。他们提出的观念不被他们所处的时代所接受。在这种情况下,要以"我"为主,而不是以集体利益为主。即使一度遭受批判，这些人也不会忘记为世界尽力，到后来被公认为拓荒者。

> 我牵动座座钟楼的绳索，
> 握住方方轩窗的花环；
> 牵动座座星宿的金链，手舞足蹈。
> ——阿蒂尔·兰波

树状思维是嗜思认知者的重要特征，更是紊流型嗜思认知者创造力的"发生器"。长期以来，人们都以为树状思维仅是右脑的功劳，实际上，它是思想永续循环的产物，引发了智力大爆发。对紊流型嗜思认知者来说，重组观念并将之整合进内部模式的思考就像是他们的第二本性。至于人们会误以为树状思维主要来源于右脑，可能是因为树状思维的"视觉"效果——右脑主管视觉-空间信息的处理，而树状思维看起来就像是图像和符号的组合。但是，现在看来，想象力的发生机制（形成关于某种想法的表象）更多地产生于左脑，并得益于在左脑内发展起来的内部语言循环系统。更确切地说，语义表象首先（无意识地）产生于右脑枕叶，然后（通过胼胝体压部）传输至左脑的韦尼克区，并由语言的语义回路有意识地进行处理。语义回路的作用就是赋予意义、进行阐释。

这种认知优势有助于迅速将苦思冥想转化为自动思考。换言之，在学习过程中，大脑分两个阶段进行工作。在第一个阶段，大脑必须勤勤恳恳，制订计划，并将注意力集中在手头的任务上。此时，大脑活动集中在前部，即前额叶皮质，主要运用工作记忆（mémoire de travail）[或短时记忆（mémoire à court terme）]。在第二个阶段，学习经过整合而变为一个自动行为，大脑几乎不需要消耗能量就能做出反应。当刺激调动了习得的知识或技能时，意识中就自动有了回应，不需要再经过深入分析。如此一来，大脑所消耗的能量就大大减少了。此时，大脑活动集中在后部，即顶叶。不过总体来看，紊流型嗜思认知者用在前额叶皮质的艰苦学习上的时间似乎很少。他们会快速浏览一遍主题，大致理解了问题所在，便提前进入了自动化模式。这就给人造成这样一种印象：他们天生什么都知道；具有正常智力的普通人要经过"思考"才能获得的答案，他们不用想就知道了。

因此，这种整体认知功能可以给紊流型嗜思认知者带来多重优势：思维的高度自动化、与自我的良好连接、表征的极度丰富、频繁的灵光闪现，以及由良好的外部信息筛选能力哺育出来的远见卓识。凡此种种，滋养了他们原本就已经非典型的内在模式。

我愿意学习，
然而我不愿意
别人教我学习。
——温斯顿·丘吉尔

建议

给紊流型嗜思认知者的建议

要确保每周都留出时间充分发挥创造力的作用，否则创造力就会散掉，变得毫无用处，甚至会对紊流型嗜思认知者有害。事实上，如果积极引导和转化创造性思维进行创作（不管是何种类型的创作），那么嗜思认知者将会收益颇丰。反之，如果创造性思维没有得到适当引导，它就会转化成反刍思维、合理化思维或无效思维。

努力更多地调动右脑，促进观点的结构化，并将之付诸实践。

给周围人的建议

可能正是因为紊流型嗜思认知者的左脑是优势半脑，所以他们往往对字词或接收到的话语极其敏感。在他们眼中，文字是意义和介入态度的载体，因此，文字具有高于人类其他行为的优先功能。

他们对语义和符号的追求，同样也使他们对感兴趣的领域具有强烈的审美需求。因此，紊流型的程序员非常注重代码的美感，紊流型的运动员非常注重动作的美感，而几乎所有的紊流型嗜思认知者都非常注重字的美感，强调字词的发音要地道、好听。"改变世界"这个根深蒂固的念头，永远都能够激励他们，是因为这与他们的审美需求直接相关。

失控的认知过载

嗜思认知者在三大主要能力（推理、感觉、情绪）方面都表现出超常敏锐的特点。紊流型嗜思认知者管理其超常敏锐的方式十分特别。

推理方面（思辨）

紊流型嗜思认知者的大脑能够产生结构奇特、严密、敏锐、敢于创新的思维。但是，这种思维只在他感兴趣的领域起作用。而在他不感兴趣的领域，嗜思认知属性则具有偶然性，有时甚至会出现幼稚的概念化。此外，这种思维还可能导致过度的合理化，即通过思维无休止地拆分每一个微不足道的刺激或每一个个人行为。如此一来，耗费了太多精力去做无用功，就会同时造成认知过载和效率低下。例如，不过是吃了一块巧克力，某个嗜思认知者却要花15分钟时间追问——巧克力含有的可可来自世界上截然不同的地域，各地的光照、土壤条件等也都不一样，为什么巧克力都是一样的味道。

感觉方面

超常敏锐经常会在不同的人群中造成不同的感觉组织或运动组织的障碍，例如，感觉调节障碍，即无法调节对日常感觉到的刺激的反应（对噪声、某些味道、光线、某些气味或接触超常敏感）；感觉辨别障碍，即难以区分感觉信息并抓住其特征（例如，听到一个声音但无法判断它是什么，或者它来自何处）；感觉阐释障碍，即对感觉信息过度贯注，导致过度阐释（例如，"我从昨天开始肚子疼"，所以"我得了癌症"）；精神运动障碍或运动性失用症，即感觉组织和运动组织的缺陷导致某些日常动作笨拙或运动不协调（例如，经常撞倒物体或走路经常"踉踉跄跄"）。

情绪方面

毫无疑问，紊流型嗜思认知者是超常敏感的人，他能够比其他人更好地感知当下的关系氛围，可以很容易地发现非语言信息，并迅速识别出弦外之音或未便明言的意图。比如，如果在幽默的表现背后隐藏着对他的敌意，他能够很快看出来。恰恰相反，他不能恰如其分地看待并"放过"言下之意。

X女士对一个穿着单薄的紊流型嗜思认知者说：

——你看起来很不错！但是，你就不怕感冒吗？

紊流型嗜思认知者忍不住过度反应，以咄咄逼人的口气说：

——我总觉得，说教对我健康的危害要比感冒大得多！

紊流型嗜思认知者往往没能好好利用这种情绪的超常敏感，没有使其成为可靠的工具，他们更多的是在忍受这种超常敏感，并产生各种保护性反应。

离群索居："人是很残忍的。离开了他们，我可以过得更好。"

杞人忧天，泛化既有经验："我曾经遭受过某些人的虐待，我坚信这种事还会重演。"

攻击性：紊流型嗜思认知者司空见惯的本能反应——"我讨厌你，我恨你"，而往往事后又对此感到愧疚。

缺乏自嘲精神：因为缺乏自尊，紊流型嗜思认知者不会自嘲，或者无法接受他人对自己的批评——"不是这样的，你这么说，是因为你不了解我"。

情绪性痛觉过敏：对令他不愉快的情绪刺激反应过激。例如，同事只是轻微地批评了他一句（"你应该提前告诉我客户在办公室等我！"），他就感觉受到了侮辱，并对情况进行了比单纯的事实本身更深入的分析（从更宽泛的意义上来说这可能是正确的），然后在事后的几个星期之内对此事耿耿于怀（"他不尊重我，谁都不尊重我"）。

情绪性痛觉异常：由通常不会引起痛苦的刺激引起的生理痛苦。例如，一个紊流型嗜思认知者和两个朋友一起吃饭，其中一个朋友无关痛痒地称赞了另外一个朋友几句，他就感觉很受伤，感到被冒犯了，他就会想，那个朋友称赞了别人，却从来都没有称赞过他。这种事情可能是有根据的。不过，单纯从事件本身来看，紊流型嗜思认知者从中感受到的痛苦程度，无疑是不相称的。

情感上的贪婪：对爱的无止境的狂热需求，寻求认可、重视和赞赏——"他说他爱我，这意味着他不够爱我；如果他真的爱我，他就会说'我很爱你'"。

在情绪方面，紊流型嗜思认知者对不愉快的容忍度比其他人更低。

换言之，他们的情绪之水从点点滴滴到"银瓶乍破水浆迸"比任何人都要快得多。

● **建议** ●

上述提及的三个方面所体现出来的主要问题，是紊流型嗜思认知者的不稳定性。努力使日常生活井井有条、规范有序，对改善这种情况大有裨益。把给公众的养生建议给紊流型嗜思认知者往往特别合适，建议如下：

每天按时起床，按时睡觉，平衡饮食，按时进餐、运动、阅读，同时也要从事一些能使人全神贯注的活动，比如魔方游戏、模型制作或三维拼图，这样可以调动逻辑思维，诉诸物体的形象，平息情绪。

寻求按照"经典的"方案来组织自己的总体生活，并且在这个方案框架内体现出自己的独特之处；寻求发展稳定而持久的夫妻关系、家庭关系和朋友关系。

对任何一个人来说，把握生活的例行程序对实现平衡至关重要。而这一点，对紊流型嗜思认知者实现思辨稳定、感觉稳定和情绪稳定尤为重要。然而也要注意，不要过分循规蹈矩，否则他对新事物的追求会被扼杀，他的创造力会被抑制。

最好的尺度，似乎是遵从高斯曲线的规律：每个星期80%的时间按规律作息生活，另外20%的时间打破规律（和朋友一起很晚才吃晚饭，睡个懒觉，无所事事，发个疯……）。

提醒紊流型嗜思认知者注意"四个约定"[15]也是很有趣的：勿要率性评论，勿受他人影响，勿要妄加揣测，凡事尽力而为。

无休止的运动

我信命，
我准备在这个世界上做些事情。
——温斯顿·丘吉尔

前面提到的内循环，或"内部语言循环"，使紊流型嗜思认知者在他感兴趣的方面具有强烈的驱动力。事实上，某些刺激似乎正好滋养了紊流型嗜思认知者的闭环思维体系。这种思维运动无休无止，除非紊流型嗜思认知者对思考对象失去了兴趣。如此一来，我们就会发现，紊流型嗜思认知者的驱动力就像是一种昙花一现、走火入魔般的强迫需求。

这真是一种走火入魔般的强迫需求，因为在某一时刻，某个领域引起了紊流型嗜思认知者的兴趣，他的思维就完完全全转向了这个领域。他全身心地投入感兴趣的活动之中，调动一切能量来满足他的类似于强迫症的需求，他可以在这方面达到非常专业的水平，并就此开辟创新之路。在这种情况下，驱动力不会消退：不管是日常生活(家庭生活、职业生活、社会生活)，还是健康状况、恐惧担忧，抑或是对安逸的需求，都无法耗尽这种强迫需求。这种驱动力完全是内在的，因此表现为无休止的运动。这种驱动力并非(有意识地)源于外界对他的某种特定期待，而是从内在模式中自主生长起来的。因此，它无须从外界寻求养分，除了紊流型嗜思认知者对思考对象的兴趣，它不受任何限制。我们钦佩弗里达·卡罗[16](Frida Kahlo)，因为无论残疾还是病痛，都阻挡不了她对画画的热烈追求。甚至在病榻上，不管需要忍受怎样的病痛，她都坚持画画。

> 我清楚我的极限。
> 因此我要超越极限。
> ——赛日·甘斯布

但是，这种强迫需求往往如昙花一现般短暂(持续时间从几个星期到几年不等)。虽然弗里达·卡罗对绘画的痴迷持续了整整一生，但是，大多数紊流型嗜思认知者对某一领域的兴趣并不能像她那样持久。他们经常会对音乐、信息技术、创造性娱乐、运动、电子游戏或益智游戏产生严重强迫性的、势如潮涌的兴趣。在此期间,他们强迫性地痴迷于这项活动并试图掌握它。与此同时,外界环境被他们抛于脑后。可是,过了这段时间以后,他们突然就"释怀了":可能前一天这项活动对他们来说还具有无可替代的重要性,可是第二天他们突然就对此不感兴趣了。转瞬之间,他们就这么翻篇了。对于已被他们抛弃的活动,他们只是偶尔再瞄一眼,或者再也不会多看一眼。他们扑向"新欢"的怀抱!

根据兴趣的可持续时间及性质,这种强迫需求要么表现为突发奇想(强迫),要么表现为浓厚兴趣(持久热情)。一个紊流型嗜思认知者的突发奇想,可能与其个性和惯有品位相去甚远。而且,这种突发奇想只能持续到他消耗掉多余的精神能量为止。如果多余的精神能量没能被消耗掉,就很容易转化成反刍思维和有害思想。突发奇想就像是思想的"尾矿库",它可以有无数种表现形式("弹钢琴""玩电子游戏""刺绣""雕刻""阅读""跑步""进入恋爱关系"等)。相反,紊流型嗜思认知者具有浓厚兴趣的活动,如果与其个性、价值观及其所在社会环境相匹配,那么这种浓厚兴趣会持续一生,因为它就像吃饭和呼吸一样至关重要。当然了,鉴于紊流型嗜思认知者有行为失度的倾向,他对某一活动的热情，在某些阶段可能会特别有助于其发展，具有建设性，在其他阶段则可能会抑制其发展，具有破坏性。

但是，不管是突发奇想，还是深度迷恋，这种对某项活动的兴趣总能激发无与伦比的驱动力，所以我们才会说无休止的运动。这种驱动力由内而生，并且完全不受外界压力的影响。

我早就决定做个英雄人物。
主要是因为做英雄够难、够伟大、够刺激！
——妮基·桑法勒[17]（Niki de Saint Phalle）

● 建议 ●

不要犹豫，尽管去丰富工作或学业以外的活动，以消耗冗余的精神能量。对于普通人，通常的建议是避免过度繁忙或过度刺激，因为这是急于求成的表现，缺乏从容和稳定。但是，对紊流型嗜思认知者来说，这些额外活动是很有必要，甚至是大有裨益的。显然，额外活动必须根据日常生活和家庭生活的需要进行调节。但重要的是，它要和饮食、健身一样，成为健康生活的一部分。

很多父母在看到孩子天天玩游戏的时候很担心,因为他们害怕孩子会上瘾。父母可以通过几个简单的要素来判断孩子是否对某种活动上瘾。成瘾(这里的成瘾并不会像厌食症或吸食毒品那样对身体健康造成直接影响)活动一般会有以下几种表现:

1. 去社会化:为了这项活动,孩子退出社会生活或家庭生活。他越来越少参加日常的或每周的传统聚会(用餐、惯常的家庭活动)。

2. 采取策略逃避一切与这项活动无关的事项(作业、家务劳动,甚至是去游乐园之类的娱乐活动)。

3. 这项活动表现出排他性:孩子的心思全部在这项活动上,他放弃其他一切活动(运动、游戏等)。

4. 易怒,特别是当别人试图让他退出这项令他难以割舍的活动的时候。这种愤怒可能会转化为暴力。

如果一个紊流型嗜思认知儿童的行为不符合这四点关于成瘾的描述,即他虽然沉迷于某项活动,但是他也出席家庭聚会和社交聚会,没有明显的逃避义务、拒绝参与其他活动或易怒的表现,那么这种活动就是平衡健康生活所必需的。

在这种情况下,他就没必要放弃这项活动而投入另外一项活动。因为他是在通过宣泄冗余的精神能量,同时在思想方面接受刺激,来维持健康的精神状态。

从自我到自我

自尊心弱，自信心强

我们在此要对自尊和自信做一个区分，这一点很重要。自尊是指一个人觉得自己是有价值、值得尊敬的；自信是指一个人相信自己有能力令世界敬服，使自己得到认可。这两者并非必然同时存在，但它们往往被混为一谈。

我们注意到，紊流型嗜思认知者的自尊心一般比较脆弱。事实上，如同他在生活中诸事不顺，几乎总是与社会脱节一样，他也被排斥或者排斥他人，熟谙不合时宜的感觉。这会让他觉得自己不在对应的位置上，名不副实，甚至觉得自己是骗子，以至于他的自尊心受到深深的伤害。不过，有些人却错误地认为，紊流型嗜思认知者对自己有很高的评价。这些人之所以会有这种印象，是因为紊流型嗜思认知者总是激烈地捍卫自己的真理，或者让所有那些他认为（有时候是有道理的）什么都不懂的人哑口无言。因此，他会被贴上傲慢、轻蔑、骄傲或无礼的标签。人们会认为他过度自我膨胀。

事实是，尽管他在这方面往往以表现自己为乐并以此向他人（或向自己）掩饰自己的脆弱，但是过度膨胀的背后也隐藏着他对自己的不看重，甚至厌恶。

我脸红的原因常常不是谦虚，
而是愤怒。[18]
　　——罗曼·加里

　　不过，之所以周围的人会误以为紊流型嗜思认知者自我评价很高，是因为他的自信心。事实上，他感觉这个世界对他充满恶意，对他不友好，这恰恰促使他武装自己，以争取自身在所面对世界中的地位。他的融入从来都不是一蹴而就的。融入的实现费尽了九牛二虎之力，却可以在弹指之间轻而易举地失去，这主要是因为，紊流型嗜思认知者有着非比寻常的自毁倾向。为了融入某一特定系统，他认为不得不排挤他人、突出自己、高调发声，他疯狂地想要引起别人的注意、提出反对意见，连退出也要大张旗鼓，或者主动挑衅。这种"不得不"通常使他表现得很自信。而自信往往与自尊混为一谈。实际上，他们普遍缺乏自尊。

每一次我有朋友去世，
我都应该设法使人相信，
我是杀死他们的凶手。
　　——萨尔瓦多·达利

    凭着这份自信，紊流型嗜思认知者十分勇敢，并且有"移山开路"的能力。在困难面前，普通人往往会选择退缩，而紊流型嗜思认知者会迎难而上。他未必能意识到危险，或者他就是渴望跟危险一较高下，这正有助于他克服困难。所以，在炮火连天的伦敦，温斯顿·丘吉尔可以嘴里叼着雪茄，一边散步，一边对一个要求休假的士兵说："休假？为什么？你不喜欢这场战争吗？"[19]

    然而，这种自信同样可以使紊流型嗜思认知者陷入困境，因为他不了解自身的极限。当身体（疲劳）或现实（失败）阻挡了他前进的道路，他才能意识到自身的极限。这种体验感是极其强烈的。

    另外，他的这种自信和对极限的无意识，使得社会等级中的任何人都不能引起他的特别感受。无论是年长的，更有经验的或更有能力的人，还是上级、长辈、体力方面比他强的人，他都一律无差别地对待。有时候，这可能是一种优势，但是，这也可能削弱他与他人的关系，毕竟他人并不理解紊流型嗜思认知者对社会规范意识的不尊重。如此一来，人们就会认为紊流型嗜思认知者放肆无礼或缺乏教养，而这更加深了他对社会的不适应。

我永远都是新来的，

要跳着踢踏舞才能融入组织。

……

但是,哪怕是我的踢踏舞也会惹人不高兴。

——阿尔伯特·温

建议

努力修正自尊与自信的比例,提高自尊,调节过度自信。过度自信有时会使紊流型嗜思认知者陷入危险(社会心理的危险或身体的危险)之中。此处的建议便是将自信转化为自尊。

可以通过以下几个方面进行:

发展自身的积极内在语言(何不从站在镜子前开始?);

进行简单的练习,旨在对行为进行日常评估,重视那些能够激发自尊的行为;

参加视觉化课程,特别是催眠,辅以父母重建技术(内在父母的精神构建)。当然,这需要由公认的专业人士来引导。

太有同情心了!

我的自我中心思想表现为:
在所有经受苦难的人中,

我能即刻认出自己，

我看到他们的创伤便感到痛苦。[20]

——罗曼·加里

从本质上说，萦流型嗜思认知者在管理情绪方面面临巨大困难。甚至可以说，起初，他根本就不管理情绪，而是忍受情绪。

事实上，对他来说，情绪如洪流，淹没他，支配他，更何况他还对情绪特别敏感。情绪毫无防备地降临，直到他成为情绪的玩物，情绪才肯放过他。

有些萦流型嗜思认知者，自然是极少数，他们对这种失控现象的回应方式是，封死情绪产生和表达的通道。如此一来，他们既不会受到情绪的影响，亦不会在表达情绪时显得笨拙。所以我们面对的萦流型嗜思认知者，可能是一个外表冷静的人。我们会觉得，无论什么都无法伤害他，他没有任何情绪。而其他的萦流型嗜思认知者，自然是大多数，他们的情绪管理能力较差（很差）。

实际上，就像患病毒性疾病一样，萦流型嗜思认知者饱受情绪之苦。因为他的情绪探知阈限特别低，他以黏连的形式捕捉他人的情绪，并且任由自己受到他人情绪的传染。这种情绪又在他们身上产生某种共鸣，自主发展，自主增强，他却无法控制它。这种情绪的黏连和传染现象叫作同情。同情现象众所周知。在日常生活中，我们会对熟人或亲友感到同情。同情是指个体与他人或通过某种媒介共享情绪，且不与其保持距离。例如，和一个悲伤的朋友在一起的时候产生的情绪，或者在看电影的时候狂笑或大哭，就是同情的两种形式。在这种情况下，个体完全被情绪感染，无法与情绪保持距离。当然了，大多数人会根据社会情境的不同做出不同的行为：他们会对亲友感到同情，对上级则会保持更多的距离。

但是，因为紊流型嗜思认知者无法掌控感染自身的情绪，所以他对任何人，不分亲疏远近，都感到同情。而且，他还会遭受情绪放大的困扰，因为他无法掌控情绪，所以导致情绪过度兴奋。想象一下，一个同学沉浸在滑稽动作中，笑了起来。同班一个年少的紊流型嗜思认知者走近，也笑了起来，笨拙地模仿起那些滑稽动作，并且动作更加夸张，完全停不下来，以至于狂笑不止，陷入极度兴奋的状态。他甚至会因此遭受惩罚。第二天，这个紊流型嗜思认知者看到他的朋友在操场上很难过，他也会感到很痛苦，他会和朋友一起哭。他可能一整天都被这种莫名的悲伤缠住。就算他回到家里，已经想不起来最初是什么引得自己如此不安，他仍会感到悲伤。成年人和儿童的情况有所不同。成年的紊流型嗜思认知者虽然也处于深度同情的情绪桎梏之中，但是他们通常会设法调节这种同情。

精神在寻觅，心灵已发现。
——乔治·桑[21]（George Sand）

● **建议** ●

遇见有可能被情绪淹没的情况，紊流型嗜思认知者可以主动提醒自己——"这种情绪不属于我"，以此产生足够的情绪疏离感，以便能够从情境中全身而退，摆脱这种情绪。紊流型嗜思认知者可以从这种情感中走出来，进入更加中性的情绪状态；可以认为正在发生的事情与自己相干甚少，把它当作一件正在发生的事情来处理就好。

问题是，紊流型嗜思认知者的情绪总是优先选择同情模式，他在处理每一个情境时很容易将其视为自己的问题。紊流型嗜思认知者对待一切事件都会做出个人化处理，如此一来，他处理任何问题，都要付出强烈的情感，这使他在能量（指手画脚）、思维（反刍）和关系（削弱）方面消耗巨大。

为了摆脱这种情感束缚，紊流型嗜思认知者可以考虑优先使用"我必须……"或"我应该……"这样的句式，而不使用"我认为……""我感觉……"或"你让我觉得……"这样的句式。运用可操作性更强、情绪更中立的句式，紊流型嗜思认知者不仅可以使情境去情感化，从情绪的重轭之下解脱出来，还可以更客观地对待情境，解决问题。

按照同样的思路，单纯地花时间对情境做一个客观的分析表，而不掺杂任何情感色彩，也会有所帮助。例如，如果在这种情境下对某个人感受到强烈的情绪，甚至是感受到怨恨，那么试着给他写一封信。信件一旦写完，就可以将其束之高阁。因为原本这封信就不是给别人读的，它是为了宣泄重压在这种情境之上的情感。

紊流型嗜思认知者也可以尽量不对他人发表意见，只对情境发表意见，做出评价时应该对事不对人。

紊流型嗜思认知者可以自行实施以上策略，也可以在专业人士的指导下进行。紊流型嗜思认知儿童可以寻求爸爸或妈妈的帮助。这里提到的专业人士，可以是了解嗜思认知的认知行为治疗[22]专家，这些专家可以帮助紊流型嗜思认知者改变其自动思维，并从中激发新的思维。冥想技术（催眠、修身养性术[23]、冥想）有助于嗜思认知者对事件产生距离感，并将这种距离感视觉化。最后，集中在前额叶区域的神经反馈[24]或经颅直流电刺激[25]有助于嗜思认知者更好地控制情绪。

当涉及紊流型嗜思认知者的时候，事情就不简单了……

约瑟夫，43岁

约瑟夫无法休息，也不知道简单为何物。他凭一己之力出来打拼，如今他事业有成。一路走来，他也遇到过混乱的时刻，也曾感到空虚无助。但是这对他来说并不算是问题，他并不惧怕空白时刻，他甚至觉得这样的空白时刻很令人兴奋，就像是给予他觉得毫无意义的生活的一剂兴奋剂。刚给自己树立了一个目标，他就满怀热情地将其付诸实施。然而，一旦他快达成目标，昨天还魅力十足的事情，今天在他眼里突然就黯然失色了。这时，他感到近乎死亡般的空虚。

一切都成了问题。首当其冲的是人们交流的方式。他不明白"沙龙讨论"有什么意义，也不明白谈论天气好或不好有什么意义，或者他明白这一点，但他为"玩这种'感人'游戏"而大伤脑筋。在讨论会或者更私密的交流会上，他更喜欢直奔主题。因此，如果同事绕了无数个圈子才终于向他提出帮助请求，他会对此感到很恼火，其实他从谈话一开始就知道同事所为何来。和亲友在一起的时候，不合时宜的沉默会使他陷入过度阐释和无尽追问之中，而这也会让他很恼火。哪怕亲友深知他往往都是对的，他们仍然会指责他从来都"放不下"。

他确切地表明："我没办法像大多数人那样简单地看待事情……我知道每个字词、每个动作、每个行为背后都有其意义，没法装作这个意义不存在。"约瑟夫在工作关系中感受到的痛苦尤甚，他感觉自己没法与同事保持足够的距离。他同样也没办法与亲友保持足够的距离。对于他日常的质疑，亲友们不时以表面文章来应对。他分析说："我令他们精疲力尽，强迫他们不断地应战，我自己心知肚明。但是我抑制不住这种冲动，我需要走进他们的内心，可这令他们感到害怕。"

治疗师再次对约瑟夫提及意义的概念。如何做到优先关注关系，而不是关注交流细节？回到基本意义，往往也就是走向更加简单的道路。他明白这个道理，不过他也知道，肯定要经过多次考验，这个道理才能被内化。在职场中，关系障碍可以尽量回避。有时，所谓进步也就是明白自身的极限，并找到权宜之计。约瑟夫是公司的决策者，保持距离，找一个顾问做中间人，既可以保护他，也可以保护他的合作伙伴免受情绪和智力崩溃的侵袭，从而令上下级之间的交流复归简单和明晰。

约瑟夫明白，简化不一定是"贫乏"或"否认真相"。恰恰相反，简化是回到关系的深层意义。

自毁倾向

我从来都学不会
生火为自己取暖。

——罗曼·加里

紊流型嗜思认知者的自毁态度主要表现在行为放纵、缺乏自尊和蔑视死亡上。在大多数情况下，这种自毁都是无意识的，有多种表现形式。首先，在社会中，人们往往会觉得，紊流型嗜思认知者简直是在不择手段地"自取其辱"。虽然他并不想这样，或没能意识到这一点，但是他的确很难管住自己的嘴，很难恰当地遣词造句，以至于他的言语往往很伤人。事实上，有时候他说的话会与普遍接受的价值观相违背，这让人们觉得去"刺"别人就像是他的本能，可他自己甚至完全意识不到这一点。闲谈之中，他可能会就对话者的行为或特征做出负面评价，而他自己尚不自知（有时他虽然知晓，但是对此并不在意）。比如，他故意嚷嚷着"左撇子都是残废"，并竭力为此观点辩护，与此同时，他面前正是一个他不认识的左撇子。反过来，他却不明白为什么这个左撇子会攻击他。

其次，他对社会等级的不看重，可能导致他出现不尊重他人或对他人蛮横无理的行为，这同样也会使他陷入社交危机，甚至会使他面临人身危险。

最后，他的凡事反应过度的脾性可能会发展到极端主义的程度。极端主义同样具有毁灭作用，可以表现为做出某些成瘾行为（暴饮暴食或厌食，依赖毒品、酒精、烟草等）、某些危险行为（超速驾驶、进行极限运动、挑衅他人或离群索居等）或更普遍的冒险行为。例如，紊流型嗜思认知者在面对危险的时候，往往不懂得合理避让；相反，他会在面对攻击时坚持论战，或者忍不住冒着风雨波涛去游泳，尽管当他"冷处理"这些情况的时候完全明白这样做的危险性。下面这样的情况也不少见：紊流型嗜思认知者为了某个职业接受培训，之后却完全放弃了这个职业；因为觉得工作无聊，他觉得已经了解了，就立刻辞职，从不考虑保护既得利益、保护自己，或提前规划好转型途径。因为紊流型嗜思认知者往往只在事后才能意识到曾经的危险。但在当下，他只想着寻找更刺激的事情，顾不上考虑保护自己或亲人。

需要注意的是，在同一个个体身上，这些自毁态度也可能有与之对应的自卫。就像爱与恨之间的界限很微妙一样，自毁与自卫之间的关系也很微妙。自毁和自卫，不过是围绕死亡问题的永恒辩证法的一体两面。

最接近死亡的，

是对死亡的恐惧。

——安东尼·梅勒[26]（Antonine Maillet）

建议

针对这种情况，嗜思认知者的主要措施是要学会自尊，明白自己生命的价值和脆弱性。因为，如果缺乏对自身的尊重，紊流型嗜思认知者往往就会空耗生命、玩世不恭，或者让自己陷入困境。他其实并不是很清楚，现实不是科幻小说，现实生活有时候是没有回头路的。他意识不到（或太晚才意识到）"账户余额已经为零了"。

絫流型嗜思认知者的内心世界和其幻想及渴望的相一致，在他那里，现实主义不太受欢迎，因为它太"影响身心发育"了。因此，他特别欣赏科幻类的文学作品或影视剧作品。在这些作品中，善（生）和恶（死）的二元对立非常明确。在科幻世界里，一切皆有可能：某个人起死回生或是获得超能力再常见不过，读者或观众在整个故事中能见证成百甚至上千人的死亡却分毫不会伤及自身。

终于找到了。
什么？
永恒。
那是和太阳一起，远行的大海。
——阿蒂尔·兰波

虽然这种不可思议的幻影往往是絫流型嗜思认知者想象力的重要源泉，但是它也伤害其自尊，妨碍其对生命价值的重视，并导致其产生自毁行为。更何况他的自尊原本就已经遭受了重创。

针对这种情况，我们建议：

多看现实主义的故事，少看超自然的故事。

玩一些需要分阶段达成目标的游戏，或者只有一次成功机会的游戏，不要玩那种有多条虚拟性命，或者可以获得重生的游戏。

通过视觉化和冥想（修身养性术、催眠、正念冥想、祈祷、维托兹方法[27]、瑜伽、舒尔茨自律训练[28]等），或利用虚拟现实疗法，提高内省能力、自我意识和存在感及做自己的感觉。

进行心理治疗（心理动力学[29]治疗、认知行为治疗或系统式心理治疗[30]等），或者采用关于自尊发展的个人发展方法（神经语言程序学[31]、交流分析、库埃疗法[32]等），发现并纠正妄自菲薄的、贬低自己及自身形象的操作性思维。

> 我觉得我必须赶紧说，赶紧想，
> 赶紧吸引他人的注意力，
> 赶在死神攫住我之前。
> 趁着光明尚在，
> 我紧紧抓住它不放手。
>
> ——阿尔伯特·温

面对世界

听从本能！

每个人一般都会有这种预感，即无须明确推理就能感知到事件的结局或表象背后的真相。在大多数情况下，这种能力并不是完全有意识的（不是明明白白地确定的，甚至无法进行论证），也并不是完全无意识的（如果是完全无意识的，这种能力便毫无用处，也就不能称之为能力了）。这种感知在意识的阈限附近徘徊，尚未形成明晰的想法，就像是"口将言而嗫嚅"那样，虽然强烈地感觉到了某个概念及其相关内容，却很难将之具体化。我们可以称这种感知为前意识感知。

一般身体健康的人都能体验到这种具有预见性的前意识感知。紊流型嗜思认知者得益于发达的大脑突显网络，他在日常生活中能更多地体验到前意识感知。事实上，我们观察发现，紊流型嗜思认知者对人或环境极其敏感，这使他成了危险的探测器，成了高效的永久性预警系统。

见人所未见。
——M. 奈特·沙马兰[33]（M. Night Shyamalan）

通常来讲，预感主要有两种：

本能特指对生存所需做出的初级预感。本能指向行动，本能的反射行为无须学习。人们通常会想到母性本能，即母亲天生就知道如何做才能保证孩子生存的能力。

直觉是一种更微妙的预感，它与生存需要无关。直觉属于反应。直觉能力在日常生活中比在极端情况下更能发挥作用。依靠直觉能力，人们可以通过氛围和人感知到事件真相，这种感知也可以预见某些令人失望的情况。

素流型嗜思认知者虽然也拥有直觉能力，但是他的本能往往更有优势。矛盾的是，当他情绪化地直接介入某事的时候，他会很容易陷于某种危险之中，或者直接否认危险的存在。但是，当他不那么情绪化地直接介入的时候，他又对危险极度敏感。

我们可以举出很多本能预感的例子：某个小女孩提前几分钟感知到海啸即将来临，因此拯救了家人；某个公司领导预感到社会变革，并在变革发生前改变供货渠道；某位父亲先于公众感知到国家政局不稳，并赶在战争爆发之前把家人安置在安全地带。跟大多数人相比，素流型嗜思认知者可能会更频繁、更强烈地接收到本能预感。

建议

如果把素流型嗜思认知者的信息接收能力比作"天线"的话，他的"天线"的确非常强大。然而，这些"天线"却没有得到细微、精确的调整。因此，素流型嗜思认知者虽然有能力接收到粗略的信息，并对大致的风险发出预警，但是有时候他无法获取更精确的信息，比如他太关注自身而没有注意到他人的情绪状态，这妨碍他察觉到不可逾越的安全界限。

为了精确地调整"天线"，充分发挥"天线"的功能，他可以利用各种冥想方法，即一切有助于自己与环境建立更加专注、和谐的连接的冥想实践。这类方法多种多样，可以放心使用，没有限制：佛教冥想、瑜伽、太极拳或各类武术、祈祷、催眠、修身养性术、正念冥想、舒尔茨自律训练……

另外，虽然紊流型嗜思认知者得益于强大的"天线"能够获取优质信息，然而他很难恰如其分地运用这些信息。例如，在一个庆祝晚会上，在其他人还没有感觉到之前，某位紊流型嗜思认知者就先嗅到了空气中的紧张气息。可是，他并没有抽身离开或努力调整氛围重建和谐，而是否认这种预感，或者把这种预感深埋心底，抑或避开风险不谈而用其他借口解释这种预见性的前意识感知，并跟自己说"没什么"。

在这种情况下，紊流型嗜思认知者的困难就在于他缺乏对自身行为和自身能力的控制，这使他无法听从"雷达"的指示。需要强调的是，因为他很自信，甚至是异常自信，有时候他认为不管遇见多么困难的情况，以他的力量都能应对，完全不必在意雷达的"轻言细语"，所以他就更加不会听从雷达的指示。

因此，在这一点上，萦流型嗜思认知者有必要加强自我认识，提高自我控制能力。在加强自我认识方面，行之有效的方法有精神分析、精神分析性心理治疗/心理动力性心理治疗[34]、带有自我认识工具的个人发展技术（九型人格[35]、神经语言程序学等）和独自旅行。至于在提高自我控制能力方面，前述的各种冥想方法都有积极作用。除此以外，普遍意义上的体育运动也可以提高自我控制能力。

与他人的关系：天大的误会

萦流型嗜思认知者与他人的关系往往充满了误会。他积极追求他人的关爱和认可，结果却被他人认为是恶意的或傲慢的。反过来亦是如此：萦流型嗜思认知者也倾向于认为周围世界是陌生的、充满威胁的。这种对外部世界的不适正是巨大误解产生的温床，并由此导致彼此排斥、相互攻击的不断升级。

我进行过战斗，
但我没有真正参与搏斗。[36]
——罗曼·加里

在紊流型嗜思认知者身上，舌战和分歧非常普遍。因为在他们眼中，真理(他们的真理)的重要性不可估量，这可比关系和谐重要得多。在与他人的谈话中，他们的主要目的就是寻求真理。因此他们念兹在兹地想要说服对方，而不仅仅是达成共识。他们心口合一，想到什么就说什么，不加选择，绝对忠诚于自身，这往往会让人觉得他们充满挑衅，然而他们未必真想挑衅。他们的思想和行为往往与平常人都认可的发生错位，结果就是，他们自以为是有助于寻求真理的、建设性的思考或态度，却被误判为挑衅。就像查理·卓别林失去了他的美国签证，因为他挑起了众多政治争议或个人争议。虽然他无意挑起争议，可是他说话不留退路，最终被美国拒签而移居瑞士……

但是，有一点我们不能搞错了：如果我们批判性地看待紊流型嗜思认知者管理他们对环境的情绪反应的方式，我们必须认识到，他们对互动的感知，对对话者的言下之音或某些未说出口的真实意图的感知通常是非常准确的。不合时宜的往往是他们的情绪反应，而不是他们与他人互动的敏感性。

我清楚地知道
我与他人之间

实现沟通、保持和谐的边界。

……

我对人类做过试验。

他们是无定见的。

——阿尔伯特·爱因斯坦

● **建议** ●

给紊流型嗜思认知者的建议

将错位的,甚至充满挑衅的思想,变成自身的"资本"、身份或商标。赛日·甘斯布以及某些谐星就是很好的例子。另外一些不怎么知名的紊流型嗜思认知者同样也能够接受和认可自身思维的与众不同,将其发展为自身无法回避的鲜明个性,并将之强加于所从属的体系。

在以书面或口头的形式发表可能有不利影响的言论之前,先咨询一下身边的人。我们前面提到过,周围的人对紊流型嗜思认知者一直都存有误解,因此,紊流型嗜思认知者会有种深深的孤独感。在他的生命中,也会有同类能够理解他,向他伸出援手,帮助他理解这个世界,此时,他的孤独感就可能会被同类消减。对紊流型嗜思认知者来说,与层流型嗜思认知者建立友谊或发展爱情是最理想的

(见下一章)，因为，一方面层流型嗜思认知者和他一样具有高水平认知能力，另一方面层流型嗜思认知者的日常生活井然有序。

接受这样的人做朋友：他未必有嗜思认知者那样的兴趣点，或者未必有与自己相同的兴趣点。很多紊流型嗜思认知者，不管是儿童还是成年人，都会抱怨无法与同伴分享对某项活动的热爱，或者无法与同伴就某个话题进行交流，因为尽管他对该话题兴致勃勃，同伴却感觉索然无味，并且无动于衷。在这种情况下，紊流型嗜思认知者应该问自己一个简单的问题："我到底期待朋友的什么？"一般来讲，这个问题的答案能说明部分问题："他愿意聆听我，我可以靠着他的肩膀哭，可以托付信任，我们可以一起欢笑……"如果深究友谊之所是，我们就会发现，紊流型嗜思认知者错误地以为朋友应该是自己的"同类"。而实际上，他并不需要朋友能跟他谈论天文或政治，他只是需要朋友在场而已。反之也应该成立。而且紊流型嗜思认知者有时候也应该学一学如何在与他人的关系中变得更加稳定，更加值得信赖。事实上，他不可预测的反应会对自己与他人的关系造成损害，他之所以缺乏可信度正是源于他自身也深受频繁波动的情绪的伤害。不过也要注意，不要把可靠和忠诚混为一谈。紊流型嗜思认知者一般来说都是忠诚之人，因为他的感情矢志不渝。再次声明，捣乱的是他混乱的日常情绪管理，而非对永久性的执着。

由专门研究嗜思认知的心理学家进行心理动力性心理治疗，是帮助紊流型嗜思认知者更好地适应社会的重要手段。嗜思认知者（成年人或儿童）讨论小组也有助于他们相互分享经验和"窍门"。

给周围人的建议

和紊流型嗜思认知者沟通的时候，不管他是儿童、青少年，还是成年人，都要把他视为青少年。

不论年龄、地位、级别有多大差别，都要与之平等对话。

可以参照紊流型嗜思认知者的规范以造成与其默契的印象，但是不可太露痕迹，因为紊流型嗜思认知者能迅速感觉到其中的不自然，并且很难忍受这种事情。

放手让他全权负责，同时进行远距离监督以确保规范和安全；以启发而非建议的形式提供帮助，除非他主动寻求建议（措辞应该是"杜邦先生是这样解决问题的，你觉得怎么样"，而不是"你应该怎样解决问题"）。

要使用幽默的方式传达信息，永远不能直接嘲笑他。

针对治疗师的建议

与紊流型嗜思认知者沟通的时候，一定要明白他的特殊性，尤其是要以同理心的方式来回应他的同情心……

不管他年龄几何，都把他当作一个青少年，参照现在青少年之间的交往原则来与之对话，这样沟通起来往往比较高效……有些小技巧能使沟通更容易，并且能够获得一种从来都无法直接获得的合理性。

与素流型嗜思认知者首次会面的前几分钟向来是具有决定性意义的。这轮观察从候诊室就开始了。通过这轮观察，他可以评估治疗师的同理能力以及帮助自己的能力。

与权威的关系：反对、否认和违抗

为了惩罚我对权威的蔑视，
命运将我塑造成权威。

——阿尔伯特·爱因斯坦

素流型嗜思认知者总是要排挤他人以争取自己在环境中的地位，因为他并非天生就适应环境。事实上，其内在世界的发展几乎完全"自给自足"。如此一来，跟其他人相比，他便更难被外界影响，更难调整或者改变。他往往优先参照内在世界，这使他很难遵守规则。一般来说，这倒不是为了闹对立或者因为什么"愚蠢而讨厌的原则问题"。对他来说，外界强加于自己的一切规则都是外来的，有时候他很难将它们整合进内在体系,虽然他完全能够从理论上理解这些规则。

自然,紊流型嗜思认知者的行为模式和参照系主要也是内在的。他首先回应或遵从其内在模式或参照系,而非外在的系统发出的指令,不管这个指令有多好、多完善。

不管其愿意与否,紊流型嗜思认知者往往因此而置身于体系或等级制度的对立面。事实上,他既置身其中,又置身于外。这使他一方面关注其所处环境中的现实问题,另一方面他又与问题保持距离,以旁观者的视角看待问题。因此,让他"因为这就是规则"而遵守规则特别困难。因为一切不是源自自身模式的规则对他来说都是外来的,在他头脑中的排名都比较靠后。尽管他能理解规则,但他往往不能同化规则,因为他无法将其化为己有。

按照同样的逻辑,紊流型嗜思认知者做出越轨行为或颠覆性行为并不是什么稀罕事。他优先遵从自己的规则,因此他也感觉不到越轨行为的不妥之处,反而认为这是忠实于个人模式。他完全没有任何道德考量,对道德也毫无敬意。

要知道,我的意识是个乖乖女,

我和她总是相处融洽。

——温斯顿·丘吉尔

从这个角度我们就可以理解，为什么对紊流型嗜思认知者来说，遵从等级秩序极其困难。他是拓荒者！他不可能屈居第二！就像刚刚降临地球的外星人一样，紊流型嗜思认知者并不擅长立刻感知到年龄、等级或权威是要服从的标准、规范。在理论上，他是知道这些标准的，可是他的大脑在处理这些标准的时候却将其视为次要内容，因为这些标准有异于其自有的文化。如此一来，他就表现出某种对现行社会规范中等级差异的否认，自有一套恭敬的标准。事实上，紊流型嗜思认知者很难遵从原则树立的权威。不过，如果他对某个个体或某个体系产生尊敬之情，或者他感到与之有情感联系，那么让他服从该个体或该体系就容易得多。很多紊流型嗜思认知儿童的父母都表示："我的孩子拒绝老师的一切权威，除了某位老师，因为他很欣赏、尊重这位老师。"

同样，紊流型嗜思认知者与道德的关系也会时常引起争议：紊流型嗜思认知者的内在准则是首要准则；他自己的道德就是参照系；他的道德很可能与既有道德不一致，甚至有时候完全相反。

道德是大脑的弱点。
把不假思索接受的道德印入脑海，
则是罔顾我们自身的意愿。

——阿蒂尔·兰波

如此一来，紊流型嗜思认知者的精神构建，就导致他倾向于遵从内心的深层次意愿（理想自我），而不是屈从于习得的规则，或为了适应社会规范而刻意约束自我（超我）。

● 建议 ●

给周围人的建议

如果紊流型嗜思认知者有越轨行为，不要认为被冒犯了；向他们解释规则，然后经常友好地向他们重复规则的内容。

注意：只解释一次规则，然后不厌其烦地、友好地复述规则，而不要再次解释它！事实上，紊流型嗜思认知者特别喜欢谈判和商讨的"游戏"，而且他迫切想要知道自身对他人的权力边界究竟在何处，因此，他总会提出过度解释的要求。此外，他认为自己与大部分对话者是平等的关系，他只是与对话者进行协商，不是必须要理解、听从或服从对话者。因此，最好不要在解释的陷阱中耽搁太久。

紊流型嗜思认知者首先需要理解自己为什么要做这些事情，否则，他是不会去做的。然而，过多的解释会造成混乱，因为它可能暗含着规则尚有商量余地的意味。当然，时不时地解释一二确实是难以避免的，因为人们很容易遗忘对自己来说不熟悉的或不常见的概念。

给紊流型嗜思认知者的建议

换个视角看待问题，努力采取行动做出改变，并控制自己不断质疑规则的冲动，这样做可能会大有裨益。紊流型嗜思认知者对世界及其游戏规则的感知如此个性化、非典型，这使他能够以旁观者的视角错位观察，产生与众不同的观点。因此，他应该充分利用这笔特殊的财富。

然而，当涉及适应规则时，这种感知世界的非典型方式就成为一种障碍。因为，紊流型嗜思认知者会消耗大量精力去讨论规则，如此一来，其认知系统的工作效率就会受到严重的影响，同时，这也可能导致他偏离最初的问题，或偏离更加重大的生活目标。换句话说，他陷入对规则的质疑之中，会使他失去原本的目标。这并不意味着永远不能质疑任何规则，而是说，虽然他不能将规则同化进自身体系，但是他的生命之路也不应该被对规则系统性的反对所规定。相反，他的生命之路应该被自身的意愿所规定。所以，他与现实的要求之间应达成一种可接受的妥协，他自身的意愿亦应经过这一妥协的微调。

要做到这一点，可以通过参加数学、体育、音乐或其他高精度要求的活动的集训，训练大脑遵守规则。这些方面的规则完全没有质疑的余地。在数学学习中，如果正确结果是6.5，而一个人得出的结果是7，虽然他的结果很接近正确答案，但仍然是错误的；在网球运动中，如果球在线外3毫米处触地，那么即使这个球打得精彩绝伦，仍然会被判为"失误"；在音乐领域，如果一个人在演奏时，将四分音符替换成二分音符，那么，即使只有"微小"的节奏差，这也是"歪曲"了作曲家创作的乐曲……

让紊流型嗜思认知者经常做这种高精度要求的活动，严格遵守规则而无法质疑规则，这会很有帮助：首先，节省大量精神能量。紊流型嗜思认知者经常在质疑规则方面耗费巨大的精神能量，而这种精神内耗往往毫无益处。其次，更加自然地同化规则、吸收其精神。再次，更宽泛地讲，可以向融入人类团体迈进一步。更何况，紊流型嗜思认知者往往还要面对其他各种困难……

紊流型嗜思认知者的痛苦：复合障碍

尽管并非所有紊流型嗜思认知者都会遭受心理－认知障碍，但是我们注意到，他在心理－认知方面的确很脆弱，而且在管理焦虑、愤怒和失望的情绪方面也存在困难。如果进入病态，这些问题可能会发展成情绪崩溃[37]。

紊流型嗜思认知者的睡眠也很容易出问题。常见症状是：入睡困难、频繁夜醒、睡眠短暂或昼夜颠倒，夜里不停地进行思维反刍。一些紊流型嗜思认知者的日常生活受到了这些问题的严重干扰，另外一些则对此逆来顺受，学会了与之共存。

> 失眠的时候，我就告诉自己：
> 意识清醒的时刻，
> 是我从虚无那里抢回来的，
> 如果我睡着了，
> 这些时间就不属于我，就没有存在过。
> 这权当是一种安慰吧。
>
> ——萧沆[38]（Emil Cioran）

睡眠是我最好的敌人：黄昏焦虑

米娅，18岁

"你给我带来好消息了？！"

米娅安静地坐在候诊室里，并不回答治疗师的问题，至少没用语言回答。她用那隐晦的微笑证明，她明白问话中隐含的意思。没必要再坚持了。她攥着拳头，一贯的眼神深邃、犀利，像一个扫描仪。米娅站起身，一言不发，径直走向治疗室。

她坐在治疗师对面，微笑着看着他。治疗师又问道："真的有好消息吗？"这个18岁的女孩放松下来。她刚刚参加了大学一年级医学专业的第二次考试。米娅的病历被放在治疗师面前，病历的厚度已经说明了问题。一直以来，她都梦想成为儿科医生（"可以迅速地为像我一样的孩子做诊断"）。第一次考试她没有通过，这次是她最后的机会了。

实际上，治疗师跟她一样紧张。米娅天生习惯操心别人，这促使她不再让治疗师等待回答。她摇摇头，微笑着说："我来是想跟您说，我要走了。"这很正常，这正是合同中约定的。治疗师陪伴嗜思认知的孩子，直到他们第一年有所收获。没什么可补充的，她在考试中的排名也不重要。这些孩子都很讨厌陈词滥调或过分被期待，他们看重的是他人理解自己的心路历程。

治疗师不由自主地翻到病历的第一页，像学校老师那样，高声朗读15年前写下的记录："米娅，3岁时因睡眠困难被父母带来就诊……"小女孩在幼儿园拒绝睡午觉，她在学校融入得也不太好。跟小女孩及其父母约见过几次之后，治疗师了解到小女孩存在分离焦虑。特别是小女孩有一个很强烈的观念：她如此期待上学，可不是为了去学校睡觉的，而是为了能在学校学习、成长！与小女孩老师的通话交流很有建设性，这个问题很快就被解决了，不管怎样，是在学校解决的。治疗师握着她的手，恭喜她，没有再说什么。他尽可能显得幽默。他脱口而出："你终于可以安心睡觉了！"他错了。这种老套的想法让米娅感到生气，她立即回击道："呵！我想我应该去见为成年人准备的心理治疗师了。"

治疗师举起右手向前伸出去，表示求和。为了替自己辩护，他提醒她，她的睡眠障碍一直存在。米娅没有记恨他，只是确认说入睡一直以来都是一个挑战，而且显而易见，这个问题一时半会儿解决不了。

他们一起探讨她出现这些困难的根源。米娅好像认命了:"您都跟我解释过了——我想要控制一切,我讨厌放弃,我害怕做梦……这些多多少少有些道理,不过我的问题依然存在。"最初只有修身养性术对她有些帮助。不过,就像一切新体验一样,这种方式很快就对米娅失效了。

米娅聪明,非常聪明,这可能正是她失眠的原因。紊流型嗜思认知者的前半夜总是丰富多彩又错综复杂的。一整天的情绪被黄昏唤醒,又与对第二天的恐惧交织在一起,相互碰撞。对大多数这种类型的孩子来说,如此情况无法逃避,这令他们精疲力尽。当被问及她的睡眠问题是否真的已经成为她的一部分时,她说:"是的,就像我的强迫症。它们成了某种内在的敌人,不过这也是枉然,有时候我认为自己需要它们……"说完便微微一笑。话都说完后,治疗师送她出去,并向她确认她可以再跟他联络,至少可以获得专业意见。看着她在走廊里装作漫不经心的样子,渐行渐远,治疗师觉得,她的失眠问题应该还会延续好几年。显然,她还需要一些时间才能接受与她最熟悉的敌人分道扬镳。

紊流型嗜思认知者身上经常出现非言语型学习障碍(SDNV)的各种迹象，如视觉-运动方面的弱点（发展性协调障碍、书写障碍、空间定向障碍等）、注意力和计划方面的困难、情绪管理和对社交暗示的理解方面的弱点。要知道，非言语型学习障碍也被称为右脑综合征，因为这种综合征的出现与右脑功能有关。然而，从我们的观点来看，与其说这是右脑的缺陷问题（我们对儿童的研究显示，与对照组相比，紊流型嗜思认知者的两个半脑的大脑连接性更好），不如说这是左右半脑不平衡的问题。这种不平衡表现为偏好左脑，而导致对右脑的投入减少。

紊流型嗜思认知者表象丰富，又极具创造性。但是他们的思维太快了，有时会导致自动性思维及错误阐释。面对某些类型的学习，为了很好地整合数据，就需要在问题意识和信息分析方面下足功夫。而紊流型嗜思认知者往往在这些方面花费时间太少。紊流型嗜思认知者的思维太快了，基本元素尚未吸收进来，就已经进入自动直觉模式了。这种现象造成了注意力缺陷和学习障碍。哪怕紊流型嗜思认知者明白了待解决问题的整体逻辑，也会因为未能整合其构成原则，而经常出现错误。在学习过程中，紊流型嗜思认知者往往会因为缺乏兴趣或缺乏注意力而抄近道，这反而会使他南辕北辙，离最初目标越来越远。因此，在学校里，他往往很难舍弃自己的内在参照系（自动思考,顶叶皮质)而回到更基本的思考(意识,前额叶皮质)。因为紊流型嗜思认知儿童的左脑比右脑发达,所以他拥有特别强的分析型思维。不过这种分析往往受制于他的观念和内在模式。因此,对于他不感兴趣的内容,他的分析能力就变弱了,这使他显得行为草率、缺乏毅力。然而,对于在他能力和兴趣范围内的事情,他的分析能力就表现得很强大。

另外,我们还注意到,紊流型嗜思认知者往往会表现出注意缺陷多动障碍。我们称这种注意缺陷多动障碍为伴随有嗜思认知的注意缺陷多动障碍(简称TDAHP)。人们对此知之甚少,有些专业人士甚至否认其存在。紊流型嗜思认知者常常感到自己的另类和孤独,这双重感觉造成的不适感及其可能引起的攻击性,使紊流型嗜思认知者很难构建起自尊。何况他往往长期处于无意识状态,即他并不能完全意识到自身的困难。因为他的嗜思认知属性与他的注意缺陷多动障碍相互"打掩护",所以,当他对外界评论无动于衷、对同伴的敌意不置可否的时候,他只不过是模糊地感觉到"有什么事情不对劲"。学习困难或工作困难的出现,对紊流型嗜思认知者来说是不可忍受的,也是难以理解的,而且很容易发展出"浪得虚名"这一经典症状("人人都说我很聪明,可是我既有学习困难、工作困难,又有社交困难,只能说明这不是真的……")。第一步要做的就是让紊流型嗜思认知者明白他的特殊性。这一步是必不可少的，如果处理得好，缺陷就可以转化为优势，即最大化地利用他的思维能力和充沛精力。

建议

在进行治疗之前，可以先尝试利用娱乐项目调整这类认知行为的自动性，以便刺激右脑。这类娱乐项目主要包括音乐（听和玩），素描或绘画，运动（特别是对抗性运动、攀岩、滑板、舞蹈、高尔夫），棋盘游戏，益智游戏（如国际象棋或数独，可以同时激活视觉－空间和整体策略能力），电脑游戏，现实主义电影。

有多种多样的（神经）心理学、教育心理学或辅助治疗方法可以运用，比如：认知疗法，如认知矫正或神经反馈；脑刺激/抑制技术，如经颅直流电刺激或重复经颅磁刺激，侧重于调动右脑和前额叶皮质；以暗示和视觉化为基础的方法，旨在改变意识状态，如正念冥想、修身养性术或催眠；心理动力性心理治疗或认知行为治疗；基于运动心理学和教育心理学的方法。

1 出自《童年的许诺》,罗曼·加里著,倪维中译,人民文学出版社,2008年出版。——译者注

2 艾米·怀恩豪斯(1983—2011),一位英国歌手和词曲作者。代表作有 *Back to Black*、*Body And Soul*、*Lioness: Hidden Treasures* 等。——译者注

3 梦幻岛,出自苏格兰小说家及剧作家詹姆士·马修·巴里(James Matthew Barrie)笔下的《彼得·潘》,是处于遥远地方的虚构地点。——译者注

4 赛日·甘斯布(1928—1991),法国歌手、作曲家、钢琴家、诗人、画家、编剧、作家、演员和导演。他是法国流行音乐中最重要的人物之一,作品常充满挑衅性和诽谤性。——译者注

5 注意缺陷多动障碍,又称儿童多动症,是指与同龄儿童相比,以同时有明显的注意力集中困难、注意持续时间短暂及活动过度或冲动为主要特征的一种精神障碍,呈多基因遗传,经常导致学习与社交能力明显受损。——译者注

6 出自《童年的许诺》,罗曼·加里著,倪维中译,人民文学出版社,2008年出版。——译者注

7 阿蒂尔·兰波(1854—1891),19世纪法国著名诗人,超现实主义诗歌的鼻祖,创作时期仅在14~19岁,之后便停笔不作。——译者注

8 萨沙·吉特里(1885—1957),法国剧作家、演员、导演和编剧。——译者注

9 萨尔瓦多·达利(1904—1989),西班牙画家,因超现实主义作品而闻名,他与毕加索和米罗一同被认为是20世纪西班牙最有代表性的三位画家,代表作有《记忆的永恒》《内战的预兆》等。——译者注

10 保罗·塞尚(1839—1906),法国画家,其风格介于印象派到立体主义画派之间。他的作品对亨利·马蒂斯和巴勃罗·毕加索产生了极大的影响,西方现代画家称他为"现代绘画之父"。代表作有《玩纸牌的人》《静物》《圣维克多山》等。——译者注

11 Nusbaum F. et al., « Hemispheric differences in white matter microstructure between two profiles of children with high intelligence quotient vs. controls : A tract-based spatial statistics study », Frontiers in Neuroscience, 2017, 11, p. 173.

12 伊夫·圣·罗兰(1936—2008),法国时尚设计师,被认为是20世纪法国最伟大的设计师之一。——译者注

13 阿梅代奥·莫迪利亚尼(1884—1920),意大利艺术家、画家和雕塑家,表现主义画派的代表人物之一。——译者注

14 埃德加·爱伦·坡(1809—1849),美国作家、诗人、编辑与文学评论家,美国浪漫主义思潮时期的重要成员,代表作品有小说《黑猫》《厄舍府的倒塌》、诗歌《乌鸦》《安

娜贝尔·丽》等。——译者注

15 Ruiz M., *Les Quatre Accords toltèques. La voie de la liberté personnelle*, Éditions Jouvence, « Poche », 2005.

16 弗里达·卡罗（1907—1954），墨西哥女画家，以自画像著名。弗里达一生命途多舛。她6岁时感染了小儿麻痹，18岁时遭遇严重车祸，造成下半身行动不便，即使一年多后恢复了行走的能力，仍深受车祸后遗症痛楚的折磨。她一生经过多达35次的手术，最终右腿膝盖以下截肢。弗里达在苦痛中用绘画来转移注意力，画出了许多她对于病痛的感受和想象，她的作品经常充满了隐喻、具象的表征，让观者震惊于一个女人所承受的各种痛苦。——译者注

17 妮基·桑法勒（1930—2002），法国雕塑师、画家和电影导演。——译者注

18 出自《童年的许诺》，罗曼·加里著，倪维中译，人民文学出版社，2008年出版。——译者注

19 Kersaudy F., *Le Monde selon Churchill*, Tallandier, 2011.

20 出自《童年的许诺》，罗曼·加里著，倪维中译，人民文学出版社，2008年出版。——译者注

21 乔治·桑（1804—1876），19世纪法国小说家、剧作家、文学评论家、报纸撰稿人。她是一位有影响力的政治作家，著有68部长篇小说，50部其他各式著作，其中包括中篇小说、短篇小说、戏剧和政治文本。代表作有《魔沼》。——译者注

22 认知行为治疗，是一种心理治疗方法，用于解决情绪、行为与认知问题。——译者注

23 修身养性术，是由哥伦比亚神经精神病医生阿尔丰索·卡耶塞多（Alfonso Caycedo）创造的新词，用于指代他所创立的研究人的和谐意识的学说。广义上的修身养性术也被称为放松法、精神疗法、身心练习法或个人发展术，是指通过一些做法和事件去制服痛苦感觉与心理不安，以实现更加和谐的个人发展。——译者注

24 神经反馈，是一种生物反馈技术。通过技术手段监测个体的神经元活动，并将这种活动实时反馈给个体。通过这种方式，个体能够学会如何主动控制自己的大脑皮质活动，从而实现调整认知和行为的目的。——译者注

25 经颅直流电刺激，是一种对大脑进行电刺激的技术。通过对大脑进行刺激来调节大脑皮质的兴奋性。这种技术多被用于治疗阿尔兹海默病、帕金森病、抑郁症等。——译者注

26　安东尼·梅勒（1929—　），加拿大小说家、剧作家。——译者注

27　维托兹方法，是以大脑控制理论为基础的心理感觉治疗法。——译者注

28　自律训练，是由德国精神科医生约翰内斯·海因里希·舒尔茨（Johannes Heinrich Schultz）开发的一种脱敏放松技术，是一种接近于自我催眠的放松方式，旨在放松身体和精神。——译者注

29　心理动力学，是一种强调心理内部各种驱力（需要、动机、情绪）的相互作用及对人的影响的理论。——译者注

30　系统式心理治疗，这种心理治疗方法不仅与个体在个人层面上进行交谈，更是将个体放置在其所生活的团体中进行理解，将个体出现的心理和行为障碍当作是团体——比如家庭——的机能障碍进行处理。——译者注

31　神经语言程序学，旨在探索心灵和神经学、语言模式和人类感知及认知的关系，可以简单理解为用语言去影响身心状态的方法。——译者注

32　库埃疗法，由法国心理学家米尔·库埃（Émile Coué）创立，是一种建立在自我暗示和自我催眠基础上的治疗方法。——译者注

33　M.奈特·沙马兰（1970—　），印度裔美国电影编剧、导演、制作人及演员，代表作为电影《第六感》。——译者注

34　精神分析性心理治疗，或称心理动力性心理治疗，是以精神分析的心理动力学理论为基础而衍生出来的一类心理治疗技术，包括互相重叠的表达性和支持性两类技术。前者强调通过揭示、唤起、阐释等方法，促进受检者获得领悟；后者较强调治疗关系，重视建议、巩固应对与防卫机制、解决当前问题及症状。——译者注

35　九型人格，又称性格型态学、九种性格，是一种深层次了解人的方法和学问。——译者注

36　出自《童年的许诺》，罗曼·加里著，倪维中译，人民文学出版社，2008年出版。——译者注

37　Goldberg L. R., « An alternative "description of personality": The big-five factor structure », *Journal of Personality and Social Psychology*, 1990, 59 (6), p. 1216-1229.

38　萧沆（1911—1995），罗马尼亚裔旅法哲人，20世纪怀疑论、虚无主义重要思想家，卡尔维诺、米兰·昆德拉等都深受其影响，被称为"法国的尼采"。主要作品有《解体概要》《历史与乌托邦》《坠入时间》等。——译者注

第三章

瑞士军刀：
层流型嗜思认知者

我不想假装成我所不是的人，
但是我也不限制自己成为
法国人希望我成为的人。

Je ne prétends pas être ce que je ne suis pas,mais je ne m'interdis pas d'être ce que les Français voudront bien faire de moi.

Charles de Gaulle

查尔斯·戴高乐

人们喜欢层流型嗜思认知者。他们思想开放、沉着冷静，总是试图寻求共识；他们的想法正确、切实，没有夸张修饰；他们虽然独来独往，但是在社会中并不觉得局促；他们虽然不是特别积极主动，却总是乐于发现新事物；他们尊重体制，但在认为有必要的时候，也懂得巧妙地躲避规则。因此，他们在处世中比其他人更游刃有余。他们是启发和暗示之王，是一切社会组织的支柱。他们的阿喀琉斯之踵[1]是什么呢？就是他们需要以超常理性的方式审视自己的生活，这使他们在处理自己的情绪方面一窍不通。他们有时候会像逃避瘟疫一样逃避自己的情绪，并往往用自己的感觉或表面情绪来替代自己的深层情绪。

生动的比喻

如果是一种动物，那么它可能是熊

熊大概是最能代表层流型嗜思认知者的动物之一。熊的肌肉结实，体形庞大。为了生存和繁衍，熊需要大面积的原生态空间。它在各方面的能力，结合了力量、速度和适应性，着实令人惊叹。事实上，无论是在陆地还是在水上，熊都能生活得很好。它虽然身材魁梧，但是跑得很快。如果有必要的话，它还会爬树，或者攀爬一些悬崖峭壁。它还是游泳健将。

熊的嗅觉和听觉特别发达，它的爪子、颌骨和肌肉都特别有力量。熊是杂食性动物，而且是昼夜皆可行动的动物。熊丰富的表达方式令人印象深刻，因为它能用咆哮、尖叫、呜咽、吹气和咬颌来进行交流。总之，这种"全能型"动物简直就是超强适应能力的典范。

从行为方面看，熊在非交配季节特别喜欢独来独往。虽然它对周围环境充满好奇，可是它又谨慎、胆小，习惯于退缩。此外，熊并非天性好斗，它只有在必要的时候才具有攻击性。

> 离群索居者是能被文明所接受的
> 野蛮人的缩影。
> ——维克多·雨果

就像熊一样，层流型嗜思认知者简直是社会适应达人的典范，以至于外界都无法根据他的外表、行为或展现出来的能力立刻辨别出他来。

但是，他会给我们这样一种感觉：仿佛他就是一方诸侯，全世界都是他的地盘，而他是在他的地盘上欢迎我们。他的行为并无任何傲慢之处，但是给人一种"以其不争，故天下莫能与之争"的感觉。

总体来说，生活于他似乎是比较容易的事情。他只需要适应简单的规则，尽可能高效率地利用各种才能，就可以茁壮成长。因为，作为层流型嗜思认知者，他生来就在很多方面极具天赋。打从呱呱坠地，他就在各个方面非常开窍，虽然并未达到令外界惊叹的程度。他往往在运动方面，尤其是在学走路方面，表现出"早熟"。他学说话会有"贵人语迟"的表现，然而当他开始说话的时候，他的语言结构已经非常成熟了。

层流型嗜思认知者往往具备扎实的常识，能迅速表现出对周围世界的好奇，但并不深究这是否有必要或者是否有趣。自然，他也并不是特别愿意为自我发展多做努力。不过，为了实现目标需要付出努力时，他总是竭尽全力。尽管他通常能在职业上取得显著的成功，但是他并不会有过分的个人野心（即使有也并不会过分）。他为团体服务的愿望更加强烈，不管是为他自己从属的团体，还是为一个更加开放意义上的团体。事实上，层流型嗜思认知者自身并没有太多的内驱力，他更多的是为了满足环境对他的期待。一旦他认为已经获得了生存所必需的一切，他就不愿意"再多管闲事"，除非特定情况或环境对他另有要求。他并不会因为个人晋升或权力扩大而特别兴奋，因为他觉得自己天生就具有统治这个世界的权力,他把这个世界当成自己的家。相反,往往是环境有求于他,经常需要他的帮助。他回应这些请求,极其享受地扮演着自己的角色,他就像是自己的生态系统中的一把全能的瑞士军刀。

> 幸福所需甚少,
> 着实甚少,
> 生活必需品即可。
> ——鲁德亚德·吉卜林[2]

对于层流型嗜思认知者来说,生活必需品,就是满足、保障长期生存和安全的需要,满足他所从属的体系的需要。这就是他的自卫本能及他的储蓄意愿如此强烈的原因。

就像《森林王子》[3](Le Livre de la jungle)中的巴鲁所唱的那样[4],层流型嗜思认知者一辈子所需甚少。他特别喜欢与大自然近距离接触——他在自然中才能找回"本质"。他深信自己能够在自然中自给自足地生存。他还喜欢在自己能力范围内独自动手做一些有用的物件。尽管他满足于此,但是他的生活也很难被认为是幸福的。事实上层流型嗜思认知者的心绪基本上没有变化,既不能说他特别幸福,也不能说他特别不幸。不论是艰难困苦还是诸事顺遂,他都能够泰然处之。

您瞧，生活从来没有人们想得那么好，也不像人们想得那么坏。

——居伊·德·莫泊桑

层流型嗜思认知者既不妄加评论，亦不会被他认为毫无价值的情绪所左右。发生的事情对他来说，既说不上好，也算不上坏，不过"存在"而已，他要做的只是利用所掌控的资源进行处理。如果充分利用资源并且得到了预期结果，他就感到很愉悦；反之，他就会感到沮丧，这种沮丧会使他加倍努力进行自我改善和提高。

如果你能够在失败之后遇见成功，
并且能够以同样的姿态接受这两种假象；
如果在其他人都失去勇气和头脑的时候，
你仍然能保持勇气和头脑清醒。

——鲁德亚德·吉卜林

他的生存能力同样适用于处理社会关系。尽管层流型嗜思认知者不会主动寻求同伴，但是他完全能够适应社会。在社会中，他可以做到跟任何类型的对话者进行交流，但很少轻易信赖别人。与紊流型嗜思认知者相反（见上一章），层流型嗜思认知者并不是特别喜欢成为焦点。如有必要，他可以轻而易举地成为焦点，只不过他不会因为自己而主动这样做。例如，戴高乐将军挺身而出，是为了拯救法国。他运用一切可用的媒体发出号召，向法国人民传递信息。

就像熊喜欢独来独往一样，层流型嗜思认知者在日常生活中表现得像个个人主义者，喜欢离群索居。然而矛盾的是，他往往很早就意识到，有些利害关系比他本身更重要。尽管他很清楚自己比大多数人能力更强，但是在面对世界、全人类以及某些更具全局性的事情时，他仍表现得十分谦卑。这些更具全局性的事情是多种多样的：它们可以是捍卫关于世界、国家、家庭、宗族的观念，也可以是一种内在的本能需求，即推行某种价值观，特别是在他认为至关重要的领域，如科学、艺术或体育领域，由此来提升人性。这些公开标示的价值观看起来可能是张扬的，然而它们正是培养出层流型嗜思认知者谦逊品质的沃土。

> 健全的精神寓于健全的身体。
>
> ——尤维纳利斯[5]（Juvénal）

建议

在生命的某些关键节点，层流型嗜思认知者很容易发生身份危机。事实上，他的自我身份，往往建构于满足外界对他的期待，而非实现个人意愿，这倒不能特别责怪谁。他总是能够不负众望。如果外界对他的期待每次都能实现，那么外界就会自发地抬高对他的预期。于是，只要他能够做到，外界对他的期待就步步抬高……层流型嗜思认知者从幼年时起就这样不断受到各种各样的激励。因此，当外界对个人内在的影响太大，超过了个人的大多数意愿，那么在生命的某个节点，他就可能感到空虚，会对离开外部世界期待的真实自我，以及这个自我的需求和深层驱动力产生疑问。

这种迫不得已的自我回归，对他一直以来的生活可能是个急刹车。比如，突然中断以往的一切活动。对于层流型嗜思认知者的青少年或者年轻的成年人，他的父母会惊慌失措地发现，孩子什么都不做，失去了活着的兴趣，整天在家里漫无目的地读书、画画、玩音乐或上网……成熟的层流型嗜思认知者则会毫无预兆地突然改变了生活方式，从负责任地生活转向完全错位地生活，甚至会远离红尘，封闭自我。这一切都会令周围的人惊愕不已。

层流型嗜思认知者面对自我时会感受到极大的空虚，他可能会采取以下方式填补这种空虚：饮酒、玩网络游戏或做出其他一切可以从内在召唤世界的成瘾行为。事实上，层流型嗜思认知者总是通过回应外界需求来构建自我，这使他往往缺乏足够的内在性来实现自在的存在。由于缺乏内在生活的丰富性，当他直面自我的时候，就会感到强烈的焦虑。他可能会利用毒品、强迫行为或游戏来填补空虚，并以此缓解焦虑。

因此，为了帮助年轻的层流型嗜思认知者直面内在世界、发展内在世界，应该注意：

给他独处的空间，让他感受到无聊。

鼓励他写日记，或鼓励他借助录音机将自己的想法表达出来（留出较长的一段时间来做这件事，比如30分钟。在此期间，他可以说任何他想到的内容，不要间断；父母最好不要擅自听他的录音记录，仅仅远程监护就好）。

允许他进行无功利性的活动，特别是艺术活动。

了解他对哪个（或哪些）方面的读物感兴趣，并鼓励他多读这个（或这些）方面的书籍（阅读可以帮助他发展内心生活，因为他在阅读过程中不得不在"自己内心"想象书中的场景）。

让他教授法语课程（或让他教授他在日常生活中会使用到的语言的课程），因为这可以刺激参与"内部循环"建立的大脑左半球。

让他学习戏剧，因为扮演一个角色可以促使他去发现自己的情绪，并将其外化。

让他练习冥想活动（冥想、瑜伽、修身养性术、放松……），从而实现自我回归和视觉化，甚至可以让他去体验按摩的好处，按摩可以帮助他扎根于自我。

视年龄而定，可以要求他休假一年外出旅行，离开自己熟悉的环境到别处去发现自我，或者可以让他学一门外语，但不要设立特定目标。

成年的层流型嗜思认知者可以自行进行以上种种操作，也可辅以心理治疗，最好是精神分析性心理治疗/心理动力性心理治疗（与其他心理治疗方法相比，这种心理治疗方法指导性更弱，启发性更强）。

如果是一种能量，那么它可能是受到抑制的，是太阳能

真理如日，
使一切可见，而唯独自己不可见。
——维克多·雨果

太阳提供的能量是一种热能，热能在空间中均匀扩散，渐趋平衡，即在场物体的同质化。同样地，层流型嗜

思认知者散发的光环也是温柔的、润物细无声的。人们可以在层流型嗜思认知者身上感受到某种温暖。这种温暖逐步扩散，它并不引人注目，却使氛围变得祥和起来。

除非他在权力界里转来转去，否则，他通常没有什么强敌。人们会非常欣赏他的为人和善、思维清晰、行为明确，跟他打交道，一切都变得甚是简单。在一个团体中，他往往是不被人注意的人，因为他从不会引起轰动，他认为那是虚张声势。除非必要，否则大多数时候，他既不打扰他人，也不会置他人于危险之中。

基于以上种种原因，他通常会得到周围人的一致支持。因为除了不能完全信赖别人，他几乎无可指摘。事实上，不管是在他与团体的沟通方式上，还是在他的态度或定位上，他一般很少犯重大错误。因此，哪怕他通常并不汲汲于上位，他往往还是会在他所归属的体系中位居高位：他坚强、聪明、可靠，尤其是不会对任何人构成威胁，他身边的所有人都支持他获得晋升。

他就是通过这种被动的方式来实现最有效的攀升。从孩童时期开始，他就习惯于别人向他求助，习惯于以恰当的方式满足他人的期待。而积极满足个人野心的行为则非他所好。因为与其做攻击者，他宁愿做反击者，从被动中再获主动，这样会让他感觉更舒服。他的天性就是如此——吸收团体的能量，并净化它，均匀地释放它，而不是激发它。

● 建议 ●

当层流型嗜思认知者积极主动地为自己寻求晋升时，他往往很不安，他的行为很不自然。这种情况通常有损于他，因为这实在是与他的习惯行为大相径庭。脱离了习惯行为，他就表现得缺乏灵活性和吸引力，他的目的性就太明显，让别人很不适应。这时候，纵使他去谋求很擅长的职位，仍可能会遭到拒绝（他经常遇到这种情况）。

因此，层流型嗜思认知者尽可能永远不要去主动追求成功，而是让成功自己找上门，这样做反而更有益处。他只需要付出必要的努力，外界总会给他留出位置。事实上，当时机成熟，即他所归属的体系需要他的学识来进行调节和维持稳定的时候，晋升总是如约而至。

诚然，对个人成功的争取的确是一种能力的表现，然而，它也造成了许多不便之处，尤其是会暴露野心、暴露自己、授人以柄，并可能会损害自己的形象。如果他要这样做，这些都是他不得不（认真地）克服的困难。不过在大多数情况下，他大可不必如此。然而如果是为其所在的团体争取利益，情况就大不相同了。这时候，他觉得自己应该主动采取措施谋求晋升，他所展现出来的天分也会助他实现自己所求。

> 凡是视生命重于责任的人，
> 都不可能有真正的德行。
> ——让·雅克·卢梭

如果是一种姿态，那么它可能是坚韧、耐心、节制

> 如果你眼看着自己的一生心血被毁掉
> 而能一语不发就着手重建，
> 或者一下子失去百场胜利的战利品，
> 而能无动于衷，没有丝毫叹息……
> ——鲁德亚德·吉卜林

一般来说，层流型嗜思认知者很擅长自我把控，也很擅长把控环境。因此，他总是主动采取能够避免过激举动的行为。除非绝对有必要，否则在态度、立场和生活方式方面，他会优先选择中庸之道。如果在日常生活中出现了某种过分行为，他也会迅速进行调整，采用禁欲行为与之

相抵消。比如，宿醉之后，他会在接下来的几天都保持节制，甚至会每天运动一到两个小时以尽快清除宿醉的消极影响。就服饰而言，他同样也会选择内敛的着装风格，偏爱高质量的质料以及中性的颜色和样式。

成年的层流型嗜思认知者选择娱乐方式的首要标准，就是看它是否与自己所归属的主要体系的日常生活要求相兼容。他在做任何决定之前，都会先考虑这类问题："这种娱乐活动是否会对家庭生活产生太大影响？"或"这种活动是否会妨碍其他更基本的活动（比如我的工作）？"一旦这些问题解决，他就会将所选定的活动融入自己的日常生活，并会有规律地参加，因为他知道该活动有助于维持或改善他的生活方式。

一般来说，层流型嗜思认知者主要追求他所从属体系的生活的高质量。他的行为总是很克制，这是为了避免给体系造成任何威胁，也是为了不时做出调整以免使体系陷入危机或出现动乱。

行善去恶，
就是天堂。
——亨利·万西诺[6]（Henri Vincenot）

层流型嗜思认知者与他人的关系也体现出某种节制。层流型嗜思认知者出头或生气的情况很少见——不过如有必要，这种情况也是可能发生的。层流型嗜思认知者不太愿意表明立场，事实证明这样做不会与他人的观点发生冲突，是有利的，这是层流型嗜思认知者往往能够在选举中得到支持的重要原因。然而，层流型嗜思认知者的这种沉着冷静，也可能被认为是态度冷淡、意志薄弱，甚至是阴险狡诈或欺瞒操纵。当遭逢逆境或者团体需要一个意见明确的领导者的时候，这种印象将对他不利。

坚定的意志和坚强的毅力，使层流型嗜思认知者做事有条不紊，最终能很好地完成一个项目。事实上，他不会对投入工作感到不高兴，因为他很清楚，为了完成项目他必须有所投入，而且，他一般也不是那种会迷失初心的人。他也很清楚，尽管已经为项目付出了极大努力，但是仍然会有外部因素妨碍项目的进展。做项目就像维系一段关系一样，他能够区分哪些部分是属于他的（他的行为或者他的工作），哪些部分是不属于他的（不可控的外部因素）。所以，最后不管是惨遭失败还是大获成功，他都不会有过度的情绪反应。

尽人事，听天命。

在思维方面，层流型嗜思认知者觉得，思维的大部分时间都应该用来做有用的事情(文化、活动、挑战、工作……)。不过，如有需要，他也可以放任精神进行休息。

不流动的水是泥潭，
不思考的头脑会变愚笨。
——维克多·雨果

● 建议 ●

大部分层流型嗜思认知者的内心都在究诘这样的矛盾冲突：他虽然不喜欢紊流型嗜思认知者浮夸或凡事反应过度的一面(见第二章)，但是又很欣赏和羡慕紊流型嗜思认知者光彩夺目、极具创造性、富有魅力的形象特点。他希望自己的形象不那么刻板。有时候，如果人们称他为"完美先生"，他还会感到恼火。他的自我评价甚至会比他的外在表现更加叛逆。

这里的问题并不是层流型嗜思认知者真的缺乏个性，

而是他满足外界期待的观念是如此的根深蒂固，以至于他形成了一种有助于满足外界期待的最佳个性，而不是最符合自己深层内在的个性：他认为情绪是"肮脏的"或者是不可控的，他把情绪让位给对外界期待的满足，而态度惯性磨平了他个性的棱角，消减了他个性的独特性。

> 不要忘了，小情绪
> 才是我们生活的主宰者。
> 我们总是服从于情绪而不自知。
> ——文森特·凡·高

另一方面，层流型嗜思认知者往往认为，自己的社交成功和职业成功，仅仅是因为他总是有能力应对出现的一切状况。不过在这一点上，他存在误解。诚然，他的认知系统决定了他有能力、懂节制，这对他大有裨益。但是，更多地表现个性并不会有损于他，反而会助他实现更高程度上的成功。层流型嗜思认知者总是以层流型的方式探索和表现个性，即不过分、不冒犯。不过，当他温和地表达自身的强烈个性的时候，尤其是当其个性和能力结合起来的时候，他总是能大获全胜。

情绪是个性的基石。如果层流型嗜思认知者能够更多地聆听自身的情绪，同时更好地了解自身，他就可以变得更好。这倒不是为了更高效，而是为了更好地与自身相连接。这将大大增加他的魅力、深度和对世界的影响力。

发现自我，可以从简单地列举和发展自己的喜好开始（而非列举自身之所恶，因为层流型嗜思认知者太容易进入自我抑制状态了）。为此，可以去寻求非理性的情绪、参加个人发展课程或在通过有效的人格测试之后参加一些有针对性的课程。

层流型嗜思认知者脑海中想的是……

全方位探索世界

人人皆有既成的观点、自己的观点。

但是上帝没有。

我想，他只有将成的观点。

——费恩（Fynn）

我们通过核磁共振成像技术研究发现，与对照组人群（具有正常认知能力的人）相比，嗜思认知儿童的大脑连接性更强。

而且，层流型嗜思认知者右脑的大脑连接性优势更明显（大约60%在右脑，40%在左脑）[7]。

从理论上讲，关于右脑的超级连接性更明显这一点，我们的研究结果并不能推及所有层流型嗜思认知者。不过，这一结果却符合我们对各个年龄段的层流型嗜思认知者的定性观察情况。事实上，右脑的首要功能是在收集来自左脑的分析和类比（或树状）数据之后，对数据信息进行整体处理。这种高水平的整体分析路径，往往能产生整体上比较正确的看法，哪怕分析基础只是部分数据。通过几乎即时的模拟，层流型嗜思认知者擅长以信息碎片为基础，重新构建出一个具有视觉、听觉、情绪或理性的整体。

右脑的作用，主要是在感知到的信息中寻找准确性和一致性。右脑时刻准备着进行环境、感觉、情绪的全维度认识，并且没有先入之见，这使它能够更加接近事实。为此，右脑可能会根据这一事实来修正最初的假设，这一过程是由内向外的。就像一个好奇的全能探险者，他对发现新世界感到兴奋，也为意外情况做好准备并能从容面对。极其重要的是，要有一个特定目标，不能漫无目的。否则，他会觉得是在浪费时间。

如果你会冥想、观察、了解，
而绝不成为怀疑论者或破坏者，
做梦，而不被梦主宰；
思考，而不仅仅是一个思考者……
　　——鲁德亚德·吉卜林

　　右脑在感官体验方面比在语言方面更加游刃有余。它参与对外界的所有感知对象和隐含内容的觉察与管理，具有直观地探察所属世界的一切必备接收能力。右脑对新事物保持开放性，又具备思维的灵活性，因此它又被描述为流体智力之脑。它使个体能够接纳意外情况，并且可以巧妙地、饶有兴趣地适应意外情况。凭借与环境更好的协调能力，右脑更看重团体利益，更看重比个体存在更重要、更宏大的存在。这大概就可以解释为什么层流型嗜思认知者总是能够把团体放在个人之上，总是使自己像一把真正的瑞士军刀那样发挥作用。可是这往往也伤害了他自己的内在性。

我从未见过一个无知到
不能从他身上学到任何东西的人。
　　——伽利略

建议

给层流型嗜思认知者的建议

诚然,层流型嗜思认知者的右脑优势使他更有能力高瞻远瞩地、达观地看待生活,然而,这也可能导致他过于主动地进入全局思考模式,缺乏对细微差别的把握。事实上,他的整体把握能力完全是稳定可靠的,不过,他可能会忽略一些更加细致入微的子因素。忽略这些子因素可能会削弱这种思考模式的力量,重视这些子因素则可能将它带向更加重要的维度。

因此,应该确保,在情况需要时,不要省略全面分析这一步。层流型嗜思认知者总是过快地进入概念化进程,所以他经常被批评没有认真听或没有认真阅读。然而,问题通常并不在于对信息的注意力,而在于过快地将信息形成概念的倾向。同样,在他的生活哲学中,他可能会为自己确定一些原则。这些原则总体上非常有效,他也按照这些原则来组织自己的生活。可是,如果进入一个更精细的分析层面,这些原则就变得不合适了。比如某个人,他的原则是永远不为自己辩护。从整体来讲,由此原则发展出来的生活观念是健康的。但是,有时候出于尊重，以及为了维持和他人的关系，我们不得不为自己的行为做出解释(解释为什么迟到，为什么采取某种立场，为什么有某种感觉……)。在这种更细微的层面，永远不为自己辩护的原则就是有害的。

层流型嗜思认知者还可能会出现这种情况：他在形成概念时过于关注事实，以至于缺乏远见和创造性。诚然，作为探索者，他更喜欢发现世界、理解世界和组织世界，而不是天翻地覆地改变世界。不过，如果他能更多地开动左脑，尤其是培养其书面语言和口头表达能力(写书信和日记，做哲学交流和口头报告、背诵文学篇章……)，这将有助于他提高创造性，表达深层的个性。

给周围人的建议

可能是因为层流型嗜思认知者存在右脑优势，所以他对行动特别敏感。在他看来，语言文字往往是不可靠的，只有行动才是有意义的。而且，他对行动效果的兴趣大于对行动表现的兴趣。事实上，他认为行动的实用性比其外在表现性更有价值。

在你所在之地，
以你所有之物，做你所能之事。

——西奥多·罗斯福

超常意识：他"明白"！

跟紊流型嗜思认知者一样，层流型嗜思认知者也在思辨、情绪和感觉方面具有极强的敏感性。不过，他的嗜思认知能力表现得更充分，他在排序、类比、分析、综合、归纳、演绎、溯因等方面都表现出高水平的推理能力。

因此，层流型嗜思认知者很擅长开发其整体认知资源，并最大限度地有效利用它们。这种能力与他试图掌控自身及环境的需求密切相关。因此，鉴于日常生活中关键节点的不稳定性，他会在这种过渡期（从家里到外界和从外界到家里的转场，其他位置改变，其他变化……）出现某种程度的焦虑。在大多数情况下，他都能够管理好这种焦虑，并将其整合进自己的日常生活之中。事实上，要想处理好此类小事件，关键在于做好预测和规划。因此，他总是尽其所能地为关键节点的到来做好准备，尽管这将耗费其大量的认知能量。对其他人来说，关键节点的不稳定性根本不值一提。可是，层流型嗜思认知者需要尽可能多地收集关于关键节点的信息（地点、时间、方式、目的……），否则他的焦虑感就会增强。幸运的是，随着年龄的增长，他将不断成熟，这会有助于他成年后在这方面做出调整。

更宽泛地讲，层流型嗜思认知者总是将其很大一部分认知资源用于预测和规划，这就使他的行动总是会打出提前量。因为性子急（急切地想要执行任务），他会不停地清理任务，毫不迟延，以使他的思维不被未完成的任务所困扰。

> 预见厄运，
> 而不倾诉预见本身的痛苦，
> 这才是真正的英雄主义。
> ——丹尼尔·彭纳克[8]（Daniel Pennac）

然而，有时候，这种过度规划和急性子的倾向会导致他被淹没在众多需要立刻完成的任务之中，这会妨碍他的思想变得不那么述而不作[9]，并且会导致他在出现新任务时压力较大。

在感觉方面，层流型嗜思认知者的超常敏锐使他能够特别关注自己的身体感觉，并对可能出现的紊乱设置非常低的预警门槛。因此，他很早就能发现自己的生理功能异常，随即咨询适当的专家，并能向专家传达准确而有用的信息以获得恰当的治疗。因为能较早开始治疗，而且治疗情况又清晰明确，所以治疗也更加有效。这种功能模式使层流型嗜思认知者跟其他人相比普遍具有较好的健康状况，不过它也可能会导致轻微的疑病症[10]（hypocondrie）。通过对所谓的疾病进行进一步分析，轻微疑病症很快就能得到缓解。但是对于较严重的疑病症，科学或理性只能暂时缓解症状，甚至完全无法缓解。

普遍来说，嗜思认知者对他感觉到的环境非常了解，非常关注，因此能够比别人更早地察觉到变化。不过他的超常敏锐也会对他造成困扰，因为他对空气、冷、热、声、光、味道和气味的感觉都非常敏锐，即使"微不足道"的变化也会或多或少地引发他的不适感，令他难以忍受，迫使他马上想办法进行调整。层流型嗜思认知者对环境信号的捕捉能力特别强，所以他能够精确地感受到一切情绪波动。他对别人的态度和面部表情非常敏感。基于他敏锐的观察，他能够觉察到每个情境的笑点，并发展出一种微妙的幽默感。在情绪方面，他的超常敏锐迫使他体验到强烈的情绪。然而，因为这些情绪可能会破坏他的稳定性，所以他往往会无意识地将它们搁置在一边，甚至否认它们，然后把这种敏感性转移到他人的情绪之上，或专注于不那么危险的情绪（例如，由艺术作品或对大自然的沉思所引发的情绪）。

● **建议** ●

层流型嗜思认知者表现为超常意识的超常敏锐，是他的一张王牌。不过，只有在需要保护自身及亲人安全之时，他才会打出这张王牌。这种不充分的能力开发往往妨碍他充分发展自己的个性，妨碍他的生活有一个更符合他自身深层意愿的维度，特别是在把控危险或接受强烈情绪方面。因为，除了超常意识给他带来的掌控感（生存、理解、信息、文化），层流型嗜思认知者会倾向于认为，他所感觉和领会的东西只有在可以有意识地进行分析时才有价值，才真实存在。所有不能被有意识地进行分析的信息都是无用的，或者是一种错误判断，不会被视为相关因素。一般来说，层流型嗜思认知者并没有充分地利用这种强大的能力来发展他的创造性，以及赋予自己的生活更大的意义。这可能导致他在生活的某些关键节点对生活感到失望，因为他觉得生活没有符合他意向的规模或目的。

因此，对他来说，在整个人生中，"强迫自己"从事一项创造性的活动是很重要的，而不是仅在必要的时候，尽管这并非是自发的。无论什么样的创作活动都可以，可以是艺术或文学领域的（绘画、雕塑、写作、音乐、摄影等），也可以是不那么明确的创作领域，如创建公司和协会，完成项目活动，建设网站，做手工，设计房子等。事实上，着重发展他的创造力可以帮助他更好地发挥超常意识的全部潜力。

但是，为了创作，人脑必须经历一个特定的过程，即在选择性的意识和散漫的意识之间来回穿梭。当注意力集中在手头任务上时，表现为选择性的意识；当注意力没有特定目标、飘忽不定的时候（神思恍惚之时），则表现为散漫的意识。任何创造过程都必须经历这两个阶段，二者缺一不可。以萨尔瓦多·达利和托马斯·爱迪生（Thomas Edison）为例，据说为了激发创作力，他们都曾将一件东西拿在手里并长时间坐在扶手椅上，任由神思游荡，以至于昏昏入睡。当他们快要睡着的时候，手里的东西不自觉地掉在地上。东西落地会发出声响，他们被这声音惊醒，就能捕捉到神游时的前意识的想法，于是他们就能进入前所未有的创作状态之中！

> 往往在不工作的时候，
> 我的工作效率最高。
> 度假时，
> 思想是自由的，各种想法接踵而至。
> 想象力是一台需要不时闲置的机器。
> ——亚历克西斯·马沙利克[11]（Alexis Michalik）

但是，层流型嗜思认知者留给散漫的意识的空间往往很小，他通常认为散漫的意识是在空耗时间。所以，他应该强迫自己接受散漫的意识，甚至每天留出时间让思想游荡（哪怕是仅有20分钟的小睡、放松、"催眠"游戏、艺术活动、冥想等）。这样做不仅能让他感觉更好，有更好的心理健康状况，还能使他在自己的专业领域中有更好的表现，更有创造力。

自然晋升

> 时间给出的建议，
> 通常是什么都不做。
> ——克洛德·罗伊[12]（Claude Roy）

层流型嗜思认知者往往没有做出太多努力，就被"体系"自动晋级了。人们对此感慨良多，觉得"一切都奉送给他了"。为了向上攀升，他并不需要太多内驱力，因为外界环境会给他驱动力。困难并不在于就某个项目采取坚决行动，而在于如何在多个项目之中做出选择。

层流型嗜思认知者具有全面探索的天性，他会自发地对别人向他提出的所有提议生发出兴趣，或者说因为他无法拒绝别人的提议，以至于他经常发现自己的活动太多了，因为他同时接受了好几个项目。在他看来，任何新业务都是值得解决的难题，更何况他还能因此更多地为他的团体做贡献。

在参与某个项目时，层流型嗜思认知者总是优先考虑自身是否能为其所用，而不是考虑自己能否从中获得乐趣。然后，他会根据整体背景和个人能力，考虑自己是否有能力完成任务。如果这两个问题都得到了明确的答案，他通常就会投入工作，而不会考虑他是否愿意，是否有足够的时间来从事这个工作。但是，他高估了自己的组织能力，错误地将其等同于一个简单的数理逻辑问题，因此他往往相信自己无论如何总能够找出时间空当来。相反，如果层流型嗜思认知者对前述的两个基本问题产生了少许怀疑，那么，意愿问题就会变得重要起来。可是，就算层流型嗜思认知者对被请求的事项缺乏个人兴趣，他也往往很难明确地说"不"。他宁愿让自己不得闲，离群索居，或者以一个实际的借口来"转圜"，也不明确表示拒绝。

总而言之，层流型嗜思认知者的驱动力主要是外在的，因为他是通过满足外界要求而找到个人价值的：为了避免引起团体的不满、威胁团体的稳定，他总能采取合适的行动。他唯一的内驱力，就是追求知识。层流型嗜思认知者受到其嗜思认知属性的驱使，他预感到知识是他的一张王牌，可以助其获得外界的青睐，因此他不断地学习知识。如果某项活动不能给他带来某种知识，或者不能让他有某种掌控感，他便无法满足。

建议

给层流型嗜思认知者的建议

为了不迷失自我、不把弦绷得太紧,要多聆听自己内心的声音,多了解自身的深层情绪。

请记住,层流型嗜思认知者越是忠实于自己(特别是他需要为团体服务的时候),他的成功就越是辉煌灿烂。因此,他需要先弄清楚自己究竟是谁,自己内心深处渴望的东西究竟是什么……

给周围人的建议

层流型嗜思认知者对您说的"可能……",意思是"不"!

从自我到自我

自尊心比自信心更强

如果你能严厉而不狂怒,

如果你能勇敢而不鲁莽,

如果你懂得行善,

如果你富有智慧,

却并不道貌岸然和炫耀卖弄……

——鲁德亚德·吉卜林

层流型嗜思认知者的自尊心相对来说不容易受到伤害。也就是说，他通常与自身关系很好。从童年开始，他就感觉自己在这个世界上是有价值的，是有一席之地的，无论什么都不能破坏他的这种感觉。他往往能够成功地满足外界对他的期待，也能够应对他向自己发起的挑战。

在任何团体中，他的地位都来得顺其自然，就像桌边的那个位置就是为他预留的一样。他总能恰当地满足团体的需要（除了在青春期偶有例外），因此他就逐渐成为团体的主心骨。在他无意识的观念中，整个世界，哪怕不是他的王国也是他的居所，而他就是此地的主人，从来没有什么能让他觉得自己不是此地的主人。来自整个环境体系的反复的正向反馈，促使他形成了某种内心堡垒，正是这种堡垒使他在情绪和关系方面获得了非常大的自主权。事实上，他的情绪及他与自身的关系并不受他人的眼光、评价和重视与否所左右。

嗜思认知者深谙自身价值，因此他不大受用阿谀奉承那一套。和其他人一样，他也喜欢听恭维话，但是，对他来说，恭维话远不如一个有建设性的、客观的批评更有价值，因为后者有助于他自身的改善和提高。因此，他更希望人们认可他的贡献而非他的才能，因为他认为自己的才能是毋庸置疑的。

经过这样一番描述，人们可能会觉得，层流型嗜思认知者就是这样的人：他自视甚高，对自身价值及其在这个世界上的地位自有确信，正因如此，他甚至从来都不需要努力奋斗。实际上，他们更谨慎，也因此总是避免出风头。他的自尊心并不张扬，更多地表现为一种内在的安宁，无须聚光灯的追踪。

层流型嗜思认知者很早就意识到自己拥有如瑞士军刀一般的用处，拥有取悦外部世界的能力；同时他也意识到，与人类和宇宙的历史相比，自己的价值是非常有限的。因此，他很快就明白，虽然他可以而且应该在他的圈子里发挥作用，但是他的贡献只是昙花一现，其他人也能做得像他一样好。我们可以说，层流型嗜思认知者具有一个坚实的自我，但他的自我远未发展充分。

我们观察到，层流型嗜思认知者在心理－行为方面有一个奇怪之处：他在独处时非常怡然自得，面对外界时却有某种保留，类似于缺乏自信的保留。他不为获得在团体中的地位而奋斗，不汲汲于满足自身需求，因此他也就从来不需要提高自信——使个体确认自身的需求和信念，并将之施加于世。他怡然自得，与自身相处融洽，因此，他既没有走向外界的基本需求，也没有施加于世的基本需求。更何况，人们总是主动给他留位置。虽然他谨慎稳重，不过非要让他假装坚毅自信地去和别人一较高低，他反而会很不自在。注意，这里的谨慎并非腼腆。因为层流型嗜思认知者从来不惧怕外人的眼光。害羞的人害怕被评判，而层流型嗜思认知者不怕，因为他不觉得他人的评价会对自己不利。所以，层流型嗜思认知者并不是腼腆，而是一种有教养的谨慎。这使他天生就不是斗士，不是征服者，不是自信之人。

● 建议 ●

我们给层流型嗜思认知者的建议，和给紊流型嗜思认知者的建议完全相反：努力调整自尊与自信的比例，提高自信并调节过度自尊，因为过度自尊有时会抑制他、阻止他开展服务于自己的活动（当一个人"内心"感到充盈时，还有什么必要出去征服世界呢？）。因此我们的建议是将自尊转化为自信。

具体途径是：

针对外界挑战进行日常训练，比如，跟自己喜欢的某个人说话，在某个聚会中出出风头。

进行有助于发展创造性的练习或活动，展示自己的创造性。展示自己的艺术作品，哪怕是仅在朋友面前以非正式的方式进行展示；对某个项目提出不同意见或创新建议；等等。

时不时得理不饶人地撒个火，只要不会造成长久的危险或窘境。

很有同理心！

如果你能够爱人而不为爱疯狂，
如果你强大而不失温柔，
如果你被别人憎恨，却没有反过去憎恨别人，
而是努力自卫……

——鲁德亚德·吉卜林

像其他嗜思认知者一样，层流型嗜思认知者的情绪晴雨表也十分灵敏。不过，与紊流型嗜思认知者不同，层流型嗜思认知者懂得利用这一点，使其成为重要的社交工具。

层流型嗜思认知者并不特别擅长把握自己的情绪，因此他很少会听从自己的情绪，他更信任自己的感觉（热、冷、疼痛、愉悦、生病……），因为感觉能给他更切实的反馈。然而，他特别擅长察觉别人的情绪。在他做出决定、采取行动时，他把别人的情绪当作不可忽视的变数。

层流型嗜思认知者与周围环境的关系主要基于同理心。与他人打交道时，他不一定有同情心，不过他总是能理解对方，能设身处地地在内心模拟对方的处境。通过这种方式，他可以捕获对方的真情实感，清楚对方对自己的期待。当他跟某人打交道的时候，他无须特别介入就可以获得情绪共享，这使他能够获取必要信息以便于理解对方，如此一来他就可以选择适当的行为，满足对方的需要。

这里的同理心，涉及的并非父亲、母亲或朋友感受到的情绪，更多是医护人员或陪护人员感受到的情绪。这使他可以和对方保持合适的距离，能头脑清晰地帮助对方。同理心也是击败对手的必要武器，因为通过同理心可以弄清楚对手的行为方式。要想有同理心，你不需要体会他人的强烈情绪，只需要与对方建立情感连接，从而获取必要信息，做出恰当回应。无论是在战争、援助、合作中，还是在徒劳的交流中，这种恰当回应对同理心机制的运作来说都不受环境条件的影响。使同理心发挥作用，需要有尽可能少的情感连接，太强烈的情绪会影响这个非同寻常的同理心机制的效率。

当然，像所有人一样，层流型嗜思认知者也完全有能力感受到同情心。这种毫无距离感的情绪介入，使他与对方融合在一起，使他能够在情感层面上与对方实现交流。

不过，同情心并不是他偏好的情绪共享模式。事实上，同情心模式对他来说有点儿可怕，会让他感到不稳定，感到不可控，会迫使他退守内心。因为在同情心模式中，他所感受到的情绪影响他的时间会更长，甚至是几天或几个星期。而在同理心模式中他体会到的情绪只是短暂的，时间虽短却足以窥见对方的内心世界。

建议

总体建议就是，层流型嗜思认知者应该尽早接纳某些普遍情绪。事实上，为了使自己更好地自知，更少地呈现出"自在"的形象，更多地与自己（以及与他人）建立联系，层流型嗜思认知者在情绪方面不妨（来一点）"放低身段"。这可以从基础的事情做起。比如读完一本书或者看完一部电影之后，层流型嗜思认知者可以尝试着阐述一下体会到了什么情绪，为什么这些情绪会与自己的个人经历产生共鸣。层流型嗜思认知者可以尝试用更具参与性的方式进行自我表达，更多地使用诸如"我感觉……"或"你对我说的这些让我……"之类的句式。也可以努力降低对独处乐趣的追求，而更多地追求沟通和交流的乐趣。实现方式是系统性地努力聚焦个人对某一情境的感受，并将这种感受表达出来。

层流型嗜思认知者也可以更进一步，毫不犹豫地表达一个明确的观点，哪怕这个观点对他人来说是负面的。事实上，在私人领域之外，层流型嗜思认知者通常很难有自发的表达或真实的姿态。这使他们无法与自己交流，也很容易给人留下一种过分礼貌的印象。

厌声症[13]（misophonie）或寂静之声

朱妮，11岁

朱妮过得挺好。这个11岁的小女孩没有明显的问题，她的父母也没有问题。她有一个超常活跃的弟弟。她弟弟缺乏注意力，却独享了全家人的注意力。在这种情况下，在一次家庭会面中，她弟弟的治疗师向她询问意见。对于一个与众不同的孩子，他的兄弟姐妹应该早早学会如何与之共同生活，或者至少是求得生存。这个挑战对女孩来说往往更容易。在西方国家，青少年适应能力一般都很强，层流型嗜思认知青少年的适应能力则更强。他们一般都会保持沉默……绝对不给父母增加负担。问题孩子的父母已经背负了沉重的十字架，这副十字架严重破坏了家庭和谐，也牺牲了他们的社交生活。朱妮不知道心理治疗师想从她这里获得什么。一直以来，或者更确切地说，从她弟弟还不会走就学着跑的时候起，她的格言就是"从不抱怨，从不解释"。治疗师问她，对她来说，在家里最难的是什么。她露出一个惨淡的微笑，回避了这个问题，明显是忍气吞声地答道："都挺好！"治疗师温柔地继续追问："弟弟晚上这么吵，你肯定很难好好学习吧？"她若有所思地撇撇嘴，承认道："家里没有一个安静的角落。"朱妮的心灵之门微微打开了一点，她准备倾诉了，"这对你来说是个机会，是个很好的锻炼。以后，你会舒舒服服地在一个开放空间里工作……"

氛围也变得轻松愉快起来，朱妮放松了（一些）。治疗师微笑不语，鼓励她继续说下去。她说："最令人尴尬的倒不是学习，而是用餐。"朱妮垂下眼帘。她坚不可摧的盔甲——层流型嗜思认知者必备——出现了裂缝，她表现出令人震惊的成熟。"实际上，日常生活中的噪声——布兰登咀嚼的声音，或者刷牙的声音，甚至他喝水的声音、温柔地唱歌的声音——是最令人痛苦的。"朱妮讲述着她面对生活中的这些噪声时的绝望，如释重负。

这种现象被称为厌声症。"平常"的孩子会表现出强烈的厌恶和愤怒，而层流型嗜思认知儿童会迅速认识到，自身的超常感觉是非理性的。尤其是他们很快就会发现，这种现象在家庭环境中被放大了。因为同情怜悯和同理心，他们的敌对情绪又得到了升华。他们感受到自身的不妥协，这使他们心生愧疚，也使他们无法将其说出来。

透露自己的这种感觉过敏[14]（hyperesthésie）总是一件好事，心情可以很快得到舒缓。尤其是当这个年幼的嗜思认知者发现还有一个新盟友和自己站在一起时："您可以跟我的弟弟说说吗？我自己可从来都不敢说……"治疗师微笑着答应了她。接下来他要做的，只是附在小男孩的耳边低声细语，教他学会聆听寂静之声……

自卫的倾向

想喝水时，仿佛
能喝下整个海洋——这是信仰；
等到真喝起来，
也就只能喝一两杯——这是科学。

——安东·契诃夫

嗜思认知者的自卫态度主要体现在，他想要掌控生活、维持生活的平衡，最大限度地保护自己不受外界意外事件的影响。

积攒足够的钱财以在一段时期内有能力抵御一切财务风险，注意饮食或经常进行体育锻炼以预防身体可能出现的疾病，强迫自己进行思考以尽可能长时间地保持大脑的警觉性——这些都是层流型嗜思认知者出于自卫的需要可能做出的行为。

在社交方面，层流型嗜思认知者一般会优先保护与他人的和谐关系，而不是表达自己的内心想法，不过与亲人相处的情况除外。层流型嗜思认知者往往能不动声色地引导谈话的方向，他尽量引导别人去说，而自己不说。在必要的情况下，如果一定要他说话（演讲、会议、圆桌讨论、请愿……），他会尽量表达得足够实际（仅限于事实），或足够具体（比如专业的），甚至足够隐晦（专家暗语），也可能会流于表面，不袒露真心或真实想法，不让自己暴露在可能的危险之中。

他对社会等级制度有清醒的认识。当环境要求他顺从和忠诚的时候，他就表现得顺从和忠诚。而且面对自身提供给环境的东西，他总是保持着公允的态度。层流型嗜思认知者通常相信看起来可靠和理性的行为，而不愿屈服于一时的兴奋。这样做也是为了维持自身的平衡。不过以下情况除外：童年和青少年时期，发生存在危机的时候，出现病理成瘾行为的时候，自我调整的时候。这种自我调整有助于他理解和接受使自己变得更真实与更深刻的必要性。

理性在说话，感情在撕咬。
——彼得拉克

● 建议 ●

层流型嗜思认知者通常会寻求最佳运作模式，因此他会努力清除一切可能出现的障碍。在某些（而非全部）层流型嗜思认知者看来，情绪是人类行为的一种无关紧要的或有害的发泄。对他来说，最低限度的情绪表达可以巩固社会关系，而任何超出最低限度的情绪表达都会破坏这些关系，破坏社会的良好运转。层流型嗜思认知者认为情绪的危险性远大于它的益处。事实上，情绪可使随便什么人都能进入他的内心世界，并令他感到痛苦。在他看来，一个人的情绪就像是一件几乎毫无例外会擦枪走火伤及自身的武器。

按照这个逻辑，层流型嗜思认知者会倾向于采取"引发改变"的行为而摒弃"剖析自身"的行为。可以这么说，最初，他像所有人一样感受到了自己的情绪，不过他宁愿将情绪压抑在自己心中而不使其外露。甚至可以说，他会以一种仅限于自己知道的方式更强烈地感受自己的情绪。不过，随着时间的推移，他可能会越来越多地拒情绪于自身系统之外，关闭情绪的一切出入口。其自身系统也因此日益僵化，直到层流型嗜思认知者开始感到空虚，开始为了填补和掩饰这种空虚而使措辞变得越来越具体、越来越理性，并且越来越多地表现出过度活跃。这时，被认为更加具体、更加真实的感官刺激（食物、酒精、毒品、运动、手工、园艺等带来的感觉）就会取代深层情绪的位置，较廉价、较外饰的社会情绪则会保持下来。层流型嗜思认知者往往将合理化当作一种力量，实际上，它往往只是一种防卫，而非能力。层流型嗜思认知者想通过剥离深层情绪的方式让自身系统进入最佳状态，实际上，他这样做，无异于一边收紧系统的齿轮，一边清理掉齿轮运转所需的润滑剂。然而，僵化不等于坚固，它可能会给个体自身及其所属环境造成某些灾难性后果。

首先，层流型嗜思认知者总是维持着一个剥离了深层情绪的文明形象，总是不负众望。诚然，他因此获得了社会认可，但是，他也因此将自己禁锢在某个"需要保持的位置"上。这只是在不断地逃避，因为一旦他尝试成为自己，做出稍微有点超出常规的行为，他就会收到或者自认为收到来自外界的负面反馈，于是他被迫退回到安全地带，被迫快速恢复到适合保持其地位的状态。这一过程只会让他更加远离本我，远离自身深层之所是。

当然，大多数层流型嗜思认知者并不会走向这种极端，能在接受自身深层情绪和满足社会期待之间保持很好的平衡。但是有一些层流型嗜思认知者，要么还未成熟（往往是年轻些的成年人），要么在生活中因渴望适应环境而极度剥离深层情绪，这导致他会在生活中遇到一些危险。

第一种可能遇到的危险就是出现代偿失调（décompensation）。为了满足外界对他的期待，他压抑自己的本性和天性。如此一来，若某一天这种社会伪装崩裂了，他就会出现情绪的大爆发或行为的断裂。对年轻的、成年的层流型嗜思认知者来说，具体表现可能是突然放弃前景光明的研究，通常是科学研究，或者发现除了成为自己再也找不到任何特定目标，因为一切外在的可能性都被抛弃了。对年长的层流型嗜思认知者来说，具体表现可能是突然放弃了自己的工作——无论这工作多么有价值，放弃了自己的社交活动，甚至放弃了自己的家庭或社会地位，然后离群索居，不再跟任何人联系，只为了找回自己。不管是哪种方式，断裂来得急切而粗暴，出乎周围人的意料，就像大坝崩塌一样。

第二种可能遇到的危险是中长期地危及身体健康。事实上，有些层流型嗜思认知者犯的第一个错误在于，他认为情绪是次要的，有时候甚至认为情绪是有害的，想清除一切情绪。不过，生命的一切行为都是某种适应形式，都是有用的、必要的。既然人有各种表达程度不一的情绪，就说明情绪对个体的生存和演化是极其重要的。因此，在我们的大脑组织中，情绪系统（主要是边缘系统和躯体-感觉系统，突显网络）与思辨和感觉运动系统（执行网络）或自由联想思维系统（默认网络）同等重要。甚至有可靠证据表明，某些人的情绪系统位居大脑各系统之首，指导其他大脑网络的运作（突显网络）。因此，学会管理情绪是最基本的，试图扼杀情绪则是很危险的，很容易使人处于不利地位。而且，人的天性就是要不断地适应。如果情绪表达的某种渠道被截断了，它自然就会寻求别的渠道，尤其是与情绪运作最相似的身体渠道（身体、感觉）。这是一个类似于走上生活"歧路"的进程，它可能导致不同类型的躯体化障碍，从最初轻微的慢性障碍发展为某种疾病，这种疾病或多或少会致人失能。

人人都知道

好心的变色龙的故事。

如果把变色龙放在绿色的地毯上，它就会变成绿色；

如果把它放在一块格子花呢的地毯上，

可怜的变色龙便会死掉。

我虽然没有死，

却病得很厉害。[15]

——罗曼·加里

为了自卫，为了整体功能的最优化，层流型嗜思认知者克制和压抑自己的深层情绪。这样一来，他可能在社会关系上面临风险：他只能是一个摆渡人、一个调停者，而无法成为首要位置上的角色，或者无法在一个更大的体系中有所作为。诚然，因为他无与伦比的适应能力，他可以很容易获得心仪的社会地位，但是，他只有在倾听自己最深层情绪的基础上，通过表达和发展自己的个性，才能充分开发所有的潜力。

了解到某些层流型嗜思认知者可能遇到的这些危险，我们给他的建议自然主要是认真对待情绪。另外，所有的层流型嗜思认知者都倾向于通过增加齿轮和收紧齿轮使自身系统达到最佳状态，但是这种做法只会适得其反，只会使自身系统变得更脆弱。因此，我们给出的重要建议就是，考虑通过写日记或定期与信任的人——比如爱人、朋友、心理医生或宗教代表等——进行交流的方式，打开内心表达的闸门。

面对世界

听从直觉！

好好阅读世界，就是好好阅读生活。
——维克多·雨果

本能是针对为了生存应该做什么而产生的预感，本能针对行动（见第二章）。而直觉是更精微的预感，这种预感与生存的必要条件无关，而是针对行动的反应。直觉，作为一种能力，在日常生活中比在极端情况下更能发挥作用。直觉可以使个体通过氛围和人感知到真相。这种感知可以帮助个体预见某些意外情况的发生。

虽然层流型嗜思认知者的本能比大多数普通人更强，不过他身上占主导地位的却是直觉。事实上，为了能够适应社会——其实他适应得非常好，他具备非常精细的能力，用以探知和预见他人的行为，感知在某一天或某个情境的整体氛围中是否适合做出某个举动。他对人性的精细理解力和他将所理解的信息整合进更具全局性的观念中的能力，使他往往能够预见日常生活中的事件。然而，他可能会将恐惧误认为是直觉。

层流型嗜思认知者往往拒绝承认恐惧，认为恐惧一般都是没道理的。他更愿意无意识地将恐惧看作与恐惧最相似的直觉，而直觉又比恐惧更有价值。

虽然层流型嗜思认知者的自尊心使他相信自己预感到的信息的可靠性，但是他会倾向于将其过度合理化，这就影响了他对自己直觉的倾听。事实上，他们因为无法直接解释预感到的内容，所以可能会对此感到不适。这时，他们就会努力通过合理化来减缓这种不适感。而合理化会使他们不相信自己的直觉是可靠信息，从而对其置若罔闻。

● 建议 ●

努力调动层流型嗜思认知者的动物本性，使他更多地与自身建立连接。他可以尝试以下活动：

观看动作电影或冒险电影、冒险真人秀节目，这可以促使他通过大脑的镜像系统[镜像神经元[16]（neurones miroirs）]模拟生存情境。

玩电子游戏，玩一些涉及求生或战斗主题的电子游戏（针对青少年和成年人）。

从事搏击运动，最好是偏重于拳头而不是脚的运动（如英国拳击）。

从事极限运动，或有跳伞、蹦极、风筝冲浪、冲浪、帆板、帆船、攀岩、滑雪、滑旱冰等因素的运动。

进行目前很流行的军事培训。

进行更原始的性活动（当然了，要在尊重性伴侣的前提下进行）。

试着更多地表达自己的感受，而不是努力妥协。

通过艺术或冥想，更多地与环境及自身建立连接。

可靠的和适应的

正如人们所知，层流型嗜思认知者与他人的人际关系总体来说还是非常平衡的，他的人际关系发展得非常和谐。家庭、职场、友谊或爱情，以及其他社会关系都有其一席之地。他把与他人的关系整合进自己的生活之中，但只投入必要的情绪，一分不多一分不少。

大多数时候，层流型嗜思认知者都是比较讨人喜欢的：他沉着冷静，让人很放心，跟他打交道令人如沐春风，人们很欣赏他。他不觉得有去争取认可的必要，因此，与成为被关注的焦点相比，他更喜欢谨小慎微，当然，如有必要，他也深知如何吸引大家的关注。在这种情况下，人们很容易接近他，也喜欢和他在一起。更何况，他总是很看重对方，喜欢让对方在自己的陪伴下感到舒适。如此一来，他表现得就像是一个可靠的伙伴、一个知己，人们可以跟他保持既健康又持久的关系。不过有时候，层流型嗜思认知者也会因为在与他人的关系中缺乏亲自参与或过于宽宏大量而被人诟病。有人甚至觉得他就是个"冷酷的"的战略家。不过，只要帮助他敞开心扉，就可以发掘其深层情绪和对亲友的真正关切。

在与别人交流观点的时候，层流型嗜思认知者总是选择中庸之道，从不冒犯他人，也从不提出不容置辩的或敏感的论据。为了巧妙地传达信息，他的沟通方式更多是暗示性的，而不是断言性的。因此，他总是优先考虑要实现的整体目标，而非与对方的力量对比，并且总是尽可能避免引起敌意。

启发即创造，命令即毁灭。
——罗伯特·杜瓦诺[17]（Robert Doisneau）

然而，这种只提供启发而不将观点强加于人的特性有时候却成为令层流型嗜思认知者感到沮丧的原因。因为，他周围的人可能会将他的观点据为己有，甚至都意识不到这些观点最先是来自他的。一方面，他会感到高兴，因为他看到因自己的观点被传播而带来的益处；另一方面，他可能会感到有些沮丧，因为他对团体的贡献没有得到充分认可。

● 建议 ●

给层流型嗜思认知者的建议

利用了解人、会帮人和能拢人的品质与能力来发展牢固的关系网络。如果有一天他的防卫出现漏洞，那么这些关系网络将成为他的支撑：事实上，由从亲友到其他社会关系构成的社交网络是一个复原力的强大载体。

不管是在个人生活中还是在工作中，均可以和紊流型嗜思认知者结盟。不过，这个紊流型嗜思认知盟友往往很难相处、不可预测。然而这个人肯定可以给层流型嗜思认知者带来他所缺少的创造性和疯狂，这会使他的日常生活更加热情洋溢。同为嗜思认知者，层流型嗜思认知者和紊流型嗜思认知者在一起，可以在心理、行为方面实现互补。

当层流型嗜思认知者对他人感到信任的时候，他可以冒险尝试敞开部分心扉。通过这种方式，他与他人的关系将更加真诚，更加紧密。

给周围人的建议

在与层流型嗜思认知者沟通交流的时候，不管他是儿童、青少年还是成年人，最好都把他视为成年人。

尊重等级制度，顾及他的年龄、级别和地位，同时也要明确提出对他的期待（既不要假装亲近，也不要盛气凌人）。

根据背景环境选择合适的话题（可以在夕阳的余晖中和他谈论爱情，可以在公司里和他谈论财务；不要在公司里谈爱情，在夕阳下谈财务！）。

授权他负责某些任务，并且在他执行任务的过程中完全放手，直到评估任务结果。不过，如果他对这项任务没有经验，请毫不犹豫地在他执行任务的过程中对他进行指导——如果他确信您有能力指导他，他是完全不会介意的。

对他的功劳给予奖励，尤其是要给予行动奖励，行动奖励比空话奖励更合他的口味。

面对权威，尊重但是回避

总的来说，层流型嗜思认知者融入环境的能力堪称典范，因为他"自然而然"地明白别人对他的期待，知道体系对他的要求，除非他压力比较大，无法最大化利用他的思维能力，否则，在大多数情况下他都可以恰当地满足这些期待和要求。他的适应能力使他明白什么时候该服从权威。一般来说，他对他认为合法的权威都很尊重。

不过，在服从上司命令和遵从自己的意愿、需求或想法之间有时候仍会产生内在冲突。在这种情况下，层流型嗜思认知者不会直接对抗，而会想办法绕过规则或命令达到自己的目的。同时，他也可能致力于通过各种微妙的提议来改变规则，从而使规则最终为他所用。

为了团体的正常运转，成员需要遵从一定的程序。虽然层流型嗜思认知者比较尊重这些程序，但是，如果他不愿意，或者他不认为这些程序对团体有好处，人们也就无法让他遵从这些程序。他不会被忠诚感所羁绊，而会在尽可能避免发生对抗行为的同时，巧妙地突破强加于己的限制。他总是偏好温和地处理事情，因此他会优先选择迂回策略以达到目的。不过，外界容易接受层流型嗜思认知者的提议，通常是因为他那看上去认真可靠的形象，以及外界对他的积极预期。而且，即使外界发现了层流型嗜思认知者正试图绕过规则，对他的这种行为也是比较包容的。

建议

给周围人的建议

训练自己学会读懂层流型嗜思认知者的言外之意,以便于确定要求其必须遵守的规则是否适合他。因为,如果规则不适合他,他是不会遵守的,也不会努力推行这个规则。另外,也可以考虑一下,是否有必要要求层流型嗜思认知者像所有人一样遵守规则……

给层流型嗜思认知者的建议

学会在某些时候坚定明确地说"不",并且不去考虑这是否会影响他人的情绪。层流型嗜思认知者的处事方式可能会导致他忽略内心的声音,因此,习惯倾听自我、相信自我、坚持己见就显得非常重要。为此,可以强迫自己定期从妥协的姿态转向坚定的姿态。这一过程可以自己独自进行,也可以在认知行为治疗师或教练的帮助下进行。

层流型嗜思认知者的痛苦:复合障碍

层流型嗜思认知者的大脑神经连接整体上较强,他又具有右脑优势,所以他在日常生活中一般都比较有优势:他在各个领域都有很强大的思辨能力,这使他能够灵活地应对任何类型的问题；他的概括能力很强，这使他可以很好地从整体上把握问题，具有出色的视野和无与伦比的高度；他的视觉-空间能力和感觉-运动能力使他具有某种身体上的优势；最后，他的情绪适应能力通常使他处于更舒适的社会环境中。虽然跟一般群体相比，层流型嗜思认知者较少有生理障碍，但是也不能完全除外。我们接下来会介绍这一点。

首先，层流型嗜思认知者天生具有好奇心，他对可以丰富阅历的体验充满兴趣。而且，哪怕他没有时间，也很难拒绝他人的请求。凡此种种，有可能导致他超负荷工作，直至倦怠。此时，他绝妙的"认知机器"就会受到伤害。同时还可能会出现注意力障碍，记忆力衰退，对关照他人分身乏术等问题。这会降低他的同理心，使他的逻辑、规划及组织方面的能力下降，仅剩操作性的思维，即述而不作，缺乏象征性的表示，没有情绪，以至于稍微抽象一些或主观性较强的内容都可以对他造成困扰。

其次，因为过度剥离日常生活中的一切深层情绪，所以他会出现各种类型的躯体化障碍（"生病"，或者无意识地将体验到的情绪转化为某种生理现象）。当情绪无法回应，当体验无法代谢，身体就会接力做出反应，甚至会发展为急性或慢性的身体紊乱，表现为不适、疼痛或疾病。

但是，太长时间"被禁言"的情绪体验也并非仅此一途。经常得不到表达的情绪可能会寻求感官上的替代品（毒品、运动、性……），并发展出成瘾行为。与某些紊流型嗜思认知者不同的是，层流型嗜思认知者的成瘾行为并不是因为个性太强，或者渴望突破极限，而是因为这些成瘾行为（或者至少是过分行为）带来的感官刺激可以直接取代深层情绪。值得提醒的是，对于外饰的情绪，例如，在欣赏风景、欣赏艺术作品的时候感受到的情绪，在听音乐或与人交流时感受到的情绪，在寻找罗曼·罗兰所说的那种海洋般的感觉[18]的过程中体验到的情绪，层流型嗜思认知者并不会刻意回避，因为它不会带来过于接近自己内在性的危险。

在受到创伤之后，如果层流型嗜思认知者的情绪不能被接纳，得不到缓冲或者释放，有时就会出现本质抑郁[19]或者心身抑郁，从而导致典型的渐进性身体功能紊乱。与传统意义上的抑郁者不同，心身抑郁者的生活会完全变成机械性的：整体生命活力下降；思维局限于事实，没有幻想或遐想；反复表现出对宁静和安稳的需要；删减自己的关系网，只保留简单的和中性的关系，因为简单的和中性的关系只需要少量的情感投入，或者完全不需要情感投入；追求所谓的"清白"关系。而本质抑郁可能类似于回归到某种原始的生活形式：作为层流型嗜思认知者，他虽然继续思考，继续扮演着他在团体中的角色，可是他将自己的世界和行为缩减到仅能维持其生存的范围内。

以身体为宣泄的出口

梅林，17岁

驱除"魔力"

梅林在一个组织有序、充满爱的家庭中长大。他家位于法国南部的一座美丽的城市里。

他是由一位神经科医生介绍来的，这位医生在一年的时间里一直试图缓解梅林的慢性头痛。头痛令他倍感痛苦，使他失能。他本来应该在9月份返校，进入高中三年级的理科班，可是头痛迫使他中断了学业。各种补充检查（脑电图、核磁共振成像等）都没能查出任何病变。这种头痛并不像典型的偏头痛，很异常，头痛的位置模糊不清，也没办法通过安静或昏暗得到缓解。头痛大概是他看似一切顺利的个人发展道路上遇到的第一道坎。梅林在高中一年级时表现从容，因此医生建议对他进行一次智力评估，测试结果非常明确：他是个嗜思认知青少年，在各方面的能力都很优秀。而且，根据周围人的描述，他一直以来都是个令人"省心"的孩子，不管是在日常行为方面，还是在学业或课外表现方面（游泳、羽毛球、击剑……）。直到高中二年级那一年，没有任何明显的缘由，他出现了上述症状。

晴天霹雳

他的父母都绝望了。一方面是由于孩子因身体有恙而辍学，另一方面是因为他们觉得简直不认识自己的孩子了。他们沮丧地总结道："我们没法跟他交流。"梅林从来没想过去看心理医生。他比较吝于表达自己的情绪，总是呈现出一种平和、安静的情感状态。一如往常，今天他（和他的家人）的要求仍仅限于解决他的头痛问题。面对面的交谈令人安心，不过也令人苦恼！他有很好的教养，但是有点儿太过于礼貌了。我询问他的日常生活时，他的回答简明扼要，条理分明甚至带有几分驯熟的机械。如此机械性的回答不利于他人理解他的心理状态。这种机械性一方面反映了他的厌倦和气馁，另一方面也说明他怀疑治疗师是否有能力解决问题："我都看过这么多的医生了，还没有任何治疗是有效的……"

情绪困境

梅林给临床医生留下了一个奇怪的印象。他的回答字斟句酌，切中要害，有针对性，但总是充满克制，而这不利于任何情绪的产生。尤其令人担忧的是，他缺乏热情。或者更确切地说，一方面他在生理、智力和社交方面天赋异禀，另一方面他的现实生活质量却极不稳定，这二者之间的反差令人担忧。医生每次让他尝试表达自己的体验都会碰壁，但他的拒绝却温柔而坚定。他的要求非常简单也很明确，并且只有一个，那就是：搞清楚头痛的原因，尤其是要找到缓解头痛的办法。

不过接下来，交谈终于有了突破。梅林开始承认，一切并不像大家看到的那么简单。他得想办法适应这种情况，于是便把精力投入在竞技体育中，这对他长期起着"监护人"的作用，其副产品就是他房间里整整齐齐地摆放着的奖杯和墙上挂着的证书。

作为"显影液"的青春期

不过，那只是以前的情况，那时候还没有更多的选择。起初是在学校。梅林解释说:"数学老师鼓励我上科学预备课,而哲学老师无法想象我居然不上文学预备课……"简言之,梅林各方面都很优秀。很遗憾,他的基因里没有"放弃"二字。而在青春期,梅林面临一个新的挑战:表明一种必不可少的、心理上的独立。不过对于这种独立,他既渴望又害怕。他倾诉道:"我的家庭环境还是稍微有些封闭。我想要离开,但是又不知道我是否可以离开。"

后来因为头痛,他辍学了,辍学显然不能解决问题。然而,不想上学(焦虑?)这一举动还是释放了某种信号。辍学使他避免直面自己可能不太有效的、性能不那么良好的认知功能,因为他的认知功能被干扰了。此外,宅在家里的生活为他提供了避免思考的新办法:看电视!沉迷于电视节目可以使他得到慰藉。这项活动虽然害处不大,但极其浪费时间。梅林的童年是在玩《我的世界》(Mincraft)中度过的,这对他的表现没有什么影响。最近一年,他又发现了《英雄联盟》(League of Legend)。众所周知,这款多人游戏极易使人上瘾。在这款游戏中,他成为一个组织有序的虚拟团体的一分子。这个团体有严格、健全、真实的规则。

晚上熬夜，白天睡觉……

从那以后，他每天（或者更确切地说是每晚）都在玩游戏、观看极具象征意义的电视剧[《黑镜》(*Black Mirror*)、《怪奇物语》(*Stranger Things*)……]。他承认，看视频缓解了他心理的紧张感。但是他的生理痛苦依然很严重。神经科医生让他说明疼痛的程度，他表示疼痛指数一直是7（疼痛指数从0到10）。

我们跟他聊了一些令他兴致盎然的游戏及电视剧内容，这让我们终于在某种程度上清楚了他的情绪状态：无自杀念头，但是有种痛苦的"空虚"感；悲观主义——他承认他一直有某种悲观主义倾向，而且他无法利用以往的有效策略控制他的悲观主义。

生理痛苦是为了安抚心理痛苦

梅林真的对我们产生了信任感，因为他还吐露，他必须不停地寻找缓解"不适"的新办法。他有些尴尬地露出他的前臂，前臂上有一道伤疤，不是很深，但是很长。这样的倾诉使他彻底放松了（也可能是因为我们没有评价他）。后来的交流很快就有成效了。这一次，他并没有先行观察一番。像所有的嗜思认知者一样，层流型嗜思认知者都是元认知的专家：他们喜欢理解，但是感到很难放开手脚，接受指导。梅林平生第一次承认，他的生理痛苦可能是有意义的——生理痛苦可能是为了弥补情感空虚。近一年来他被动地承受着这种持续不断的痛苦，这对他来说是难以忍受的。而自残的一刀使他能够重新控制自己的痛苦，尤其是控制痛苦什么时候出现，以及在什么地方出现。他听从了治疗师的意见，勉强认同了这种解释。这似乎是一个前进的方向，因为他认为，我们关于身体途径（到目前为止他能够承认的唯一说法）的提议在策略上是正确的。

重新施展"魔力"

新的大门打开了。治疗师鼓励他重新开始运动（为什么不呢？），尝试放松术、修身养性术、催眠……我们终于有可能使梅林明白，对情感的超常控制逐渐使他孤立起来，迫使他只能通过自己的身体进行自我表达；我们终于有可能使他明白，因为想要表现得坚不可摧，他的封闭性囚禁了他，而他的超凡智力又夜以继日地折磨着他。

梅林终于有所触动了。他现在愿意承认，可以通过冥想实现"撒手不管"。接下来要做的，就是让他明白，他的认知体系一直都是很优秀的，他之所以觉得不如以前那么高效，是因为他"被束缚得太紧"了。他应该释放心理空间，让认知功能重新上线，避免情绪跑偏到身体上。嗜思认知者总是渴望理解一切。他们积极地赋予意义，在心理学和神经科学之间构筑桥梁，因为他们渴求不断发现新事物。他们甚至特别善于掌握诸如操作性思维或述情障碍[20]这类微妙的理论概念！

建议

我们知道，层流型嗜思认知者的危险来源，主要是他的完美主义。对完美主义的追求，逼迫他达到身体的极限，走在崩溃的边缘，甚至崩溃。

由于此时右脑已经丧失了协调功能，尤其是情绪协调功能，因此在考虑进行治疗之前，可以先尝试进行既可以刺激左脑又可以对右脑进行康复训练的活动，通过对健全的重新定向来调节这种现象，使其更多关注内在，更多聆听自己的声音。为此可以：

通过艺术方式进行自我表达，独自听音乐（为内在服务）

和听音乐会(为了在团体中进行情感协调);

坚持写日记,读小说;

经常进行放松按摩,观看喜剧表演或**魔术表演**(尽量不要试图理解表演的隐藏机制);

看电影,主要看浪漫的故事,甚至是有神奇情节的电影;

与大自然进行接触,或者重新与大自然进行接触,努力将自然与深层、强烈的关系记忆相联系;

进行冥想活动;

认真投入到哲学交流中,并努力用主体化的方式表达自己的观点(我认为……,我想象……,我更愿意……,我的理想是……,我是这么看的……,对我来说……,根据我的价值观……,我喜欢……,我不喜欢……,我完全同意……,我完全反对……,根据我的经验……,我认为你的想法是荒谬的……);

参加个人发展小组(神经语言程序学、交流分析、库埃疗法、九型人格……);

为某个朋友、某个年轻人或某个有情绪困难的人做个人导师;

发展或发起一对一的亲密朋友关系;

发生性行为,同时注意在一段时间内确保性行为尽可能自然和纯洁(避免性游戏和情趣用具,只专注于"原始"的肉体和情感接触),

建议关掉灯光，感受优于视觉，因为感受更原始，而视觉则需要脑力的参与。

（神经）心理学、教育心理学或辅助医疗的治疗可能难以实施，因为层流型嗜思认知者认识不到情绪是造成他们障碍的根源。他们可能倾向于将自己的症状合理化，将之归结于饮食不当、缺乏运动、天气变化等原因。他们承认的情绪往往只有那暂时被激起的压力！治疗师、教练或咨询师对他的各种陪护治疗，可以帮助他意识到这个问题，尤其是：

经颅直流电刺激，通过耳后刺激，调动大脑边缘系统。

基于改变意识状态、内省和视觉化的方法，如正念冥想、修身养性术或催眠。

能力评估，评估过程通常会问及个人经历、个人的价值观以及对个人来说哪些东西是重要的。同时，作为外部反馈，还要对其周围的人进行问卷调查。

心理动力性心理治疗，特别是精神分析；避免使用认知行为疗法，因为在特定情况下，认知行为疗法不能提供足够的内省。

1. 原指阿喀琉斯的脚后跟,现在引申为致命的弱点、要害。——译者注
2. 鲁德亚德·吉卜林(1865—1936),出生于印度孟买,英国作家、诗人,被誉为"短篇小说艺术创新之人"。——译者注
3. 《森林王子》,是一部由迪士尼于1967年制作并发行的动画电影,改编自吉卜林的小说《丛林奇谈》,主角是名为"毛克利"的人类男孩和名叫"巴鲁"的大熊。——译者注
4. 动画电影《森林王子》(英语版)第24分17秒至第24分36秒:"这些就是你需要做的:寻找那生活必需品,简单的生活必需品。抛开所有的烦恼和争吵。我是说生活必需品,大自然妈妈的秘密,带给生活快乐和精彩。"——译者注
5. 尤维纳利斯,古罗马诗人。——译者注
6. 亨利·万西诺(1912—1985),法国艺术家、作家、画家和雕刻家。——译者注
7. Nusbaum F. et al., « Hemispheric differences in white matter microstructure between two profiles of children with high intelligence quotient vs. controls », art. cit.
8. 丹尼尔·彭纳克,法国知名作家。——译者注
9. 述而不作在这里指只叙述事实而不加评论。——译者注
10. 疑病症,又称疑病性神经症,主要指患者担心或相信自己患有一种或多种躯体疾病,自诉出现躯体症状,反复就医。哪怕他进行了反复的医学检查,医生也反复对其进行医学解释,确认其没有相应的疾病,依然不能打消他的顾虑。——译者注
11. 亚历克西斯·马沙利克(1982—),英法裔演员、编剧和导演。——译者注
12. 克洛德·罗伊(1915—1997),法国诗人、小说家、儿童文学作家、记者及文学评论家。——译者注
13. 厌声症,字面意思是"对声音的厌恶",患有厌声症的人听到特定声音会触发负面的情绪、思想和不良的身体反应。——译者注
14. 感觉过敏,是指个体感觉阈值降低,对外界一般刺激感受能力异常增高的现象。——译者注
15. 出自《童年的许诺》,罗曼·加里著,倪维中译,人民文学出版社,2008年出版。——译者注
16. 镜像神经元,是指动物在执行某个行为以及观察其他个体执行同一行为时都发放冲动的神经元,因而可以说这一神经元"镜像"了其他个体的行为,就如同自己在进行这一行为一样。——译者注
17. 罗伯特·杜瓦诺(1912—1994),法国平民摄影家。杜瓦诺最为人熟知的作品是他在1950年发表的名为"市政厅前的吻"的照片。——译者注
18. Rolland R., « Lettre à Sigmund Freud, 5 décembre 1927 », *in Un beau visage à tous sens. Choix de lettres de Romain Rolland (1866-1944)*, Albin Michel, « Cahiers Romain Rolland n° 17 », 1967, p. 264-266.
19. Marty P., « La dépression essentielle », *Revue française de psychanalyse*, 1966, 32, p. 595-598.
20. 述情障碍,是一种亚临床的人格特质,特点是无法识别和描述自身及其他人的情绪。——译者注

#　第四章

探索未知大脑

如果我们做了
所有我们能做的事，
我们会大吃一惊。

Si nous faisions tout ce que nous sommes capables de faire, nous en serions abasourdis.

托马斯·爱迪生

嗜思认知者在认知、心理及行为方面具有非常突出的特征。他的认知能力非常高，甚至可以说是异乎寻常的。但是，他有时也会伴随有学习障碍或行为障碍。通过观察，我们区分出紊流型和层流型这两种认知类型。我们在前面几章内容中对这两种认知类型做了具体描述。这些观察和发现又促使我们提出了一些基本的问题。既然嗜思认知者的行为与众不同，那么他的大脑又具备怎样的生物学特征呢？他独特的行为是否源于他大脑与众不同的功能或解剖学特点呢？他的大脑是否拥有更多的神经元，他的脑灰质密度是否更大，又或者，他的大脑神经网络是否效率更高，他的神经网络组织是否与众不同呢？为了搞清楚这些问题，我们发起了一个研究项目，对儿童的嗜思认知现象进行研究。

智力的神经科学

自让-皮埃尔·尚热（Jean-Pierre Changeux）发表《神经元之人》（L'Homme neuronal）[1]以来，神经科学和神经生物学在科学界确立了地位。如今，全脑的生物学（而非仅仅是神经生物学！）已经成为智力的功能解剖学基础。此外，在这个神经发生[2]学和后成说[3][4]流行的时代，在这个大脑可塑性[5]和表观遗传学[6][7]流行的时代,人们已经认识到,智力的发展既取决于遗传,又取决于各方面的环境刺激;既有情感、认知方面的刺激,又有驱动力方面的刺激。

神经科学的进步使我们可以对复杂如智力这样的概念进行追问、探究。智力的水平和形式之间是否存在解剖学或功能上的联系呢?与拥有正常智商的人群相比,嗜思认知者的生物学特征和大脑功能是否有所不同呢?其神经网络是否也与众不同,是更密集,还是更快呢?

大脑:智力中心

拉蒙·卡哈尔[8][9](Ramón y Cajal)和查尔斯·谢林顿[10][11](Charles Sherrington)首次发现大脑是一个不断变化和不断重新配置的非凡细胞网络,此后的研究人员一直深信这一点。1949年,唐纳德·赫布[12][13](Donald Hebb)证实了这一观点,并提出了他的学习理论。这个理论认为,学习的基础是对神经元集合进行反复的相关刺激以强化突触活动。

如今,我们掌握的生物学知识相对来说较精确。我们知道,我们的大脑平均只有1.3千克重,约占体重的1.5%,但它要消耗超过20%的人体总能量,来为超过890亿个神经元提供能量。由于每个神经元都可以建立一万多个连接,所以我们的大脑在运作时每时每刻都在建立超过

一千万亿 (10^{15}) 个连接。

人类大脑的这种非同寻常的复杂性经过了一个非常漫长的演化过程 (5亿年)。它是在三个层次上逐步形成的:

(1) 生物演化,从猿到晚期智人;

(2) 个体和环境演化,这是人类这一物种与生俱来的特有的演化;人类在后成发展过程中,通过选择受到环境刺激最多的神经网络,逐渐变得与众不同;

(3) 社会和文化演化,在经验和教育的影响下,融合一种或多种文化的行为、准则以及价值观,并通过表观遗传进行传播。

因此,得益于大脑的可塑性,在家庭环境、社会环境和教育环境的刺激下,在我们的精神食粮及物质食粮的影响下,我们的大脑在不断发生变化。受到刺激较少的区域不断缩小,并让位给受到刺激较多的区域。此外,在大脑逐渐成熟的过程中 (从出生到25岁左右),神经元的生成 (神经发生) 非常活跃,这也优先强化了受到刺激的区域。大脑是一个不断变化的器官:不仅大脑的形态和结构不断演变,大脑的功能也在每时每刻重新配置。

智力,一个处于适应前沿的大脑组织

我们已经知道,嗜思认知者的特点是认知能力更强、认知范围更广及认知速度更快。这一特点通常表现为，他的智商比普通人更高。然而，并非所有嗜思认知者都具有同样的认知能力和情感能力。紊流型嗜思认知者尽管智商更高，心智能力超群，但还是会在学校融入方面或因注意力障碍而在学习方面面临困难。因此，有时候他们的经历会使他们明显表现出"错位"的社会行为和情绪行为。层流型嗜思认知者则会在接受自身经验及构建自身身份方面面临困难。面对行为和心理功能上的这些差异，我们试图确定嗜思认知者大脑网络的特征，试图解释层流型嗜思认知者和紊流型嗜思认知者之间的神经功能差异。

如今，得益于最先进的核磁共振成像技术，我们已经能够分析大脑的结构连接和功能连接，即被人们称为连接组的大脑网络组织。核磁共振成像使我们既可以从结构角度——硬件，即构成白质的神经元的分布，又可以从功能角度——软件，即皮质和皮质下灰质区域之间的信息交流程序，来描绘大脑网络的特征。

为了分析这套极其复杂的大脑连接，我们使用了一个非常强大的数学工具——图论。按照图论，白质的每个轴突连接构成一条边，每片灰质区域构成一个关键节点。通过对这些图形进行分析，测量神经元连接的密度和长度、信息传输的效率、网络的模块性或同质性等众多指标，可以确定大脑网络局部的和整体的特征(见图3)。我们知道，图论中存在各种不同的图形模型，从最有规律的到最随机的。两者之间，存在一种最优图形，人们称之为"小世界"，英语是"small world"。这种图形与我们的大脑组织完全匹配，其特点就是在大连接和小连接的数量之间保持了良好的平衡。事实上，在演化的约束之下，首先，我们的大脑必须优化自身结构，即建立尽可能多的连接，同时占用尽可能少的空间——这就是轴突周围的髓鞘的用处，它加速了信息传输的速度；其次，大脑必须通过将信息传输的成本降到最低来优化自身功能，即建立许多细小的连接，同时促进其演化和扩展的可能性(由于信息传输成本最小化是通过建立大量的局部连接来实现的，因此大脑倾向于通过高度专项化的模块组织来获得更高效率)。与此同时也有必要将专项模块之间的信息传输作为一个整体来控制，为此，就有必要形成许多长连接。

　　大脑的"小世界"组织通过局部连接和整体连接的平衡分配，使人们能以更低的成本获取更高的效率。大脑网络的这种双重功能组织满足了两个目标：一个是专项化，以寻求最优的成效；另一个是将所有的信息整合进一个全局的、连贯的和控制良好的系统。基于这些信息，我们就可以追问，嗜思认知者的特殊性，是在于他的大脑网络结构更加强大，还是在于他的大脑网络组织与众不同？大脑

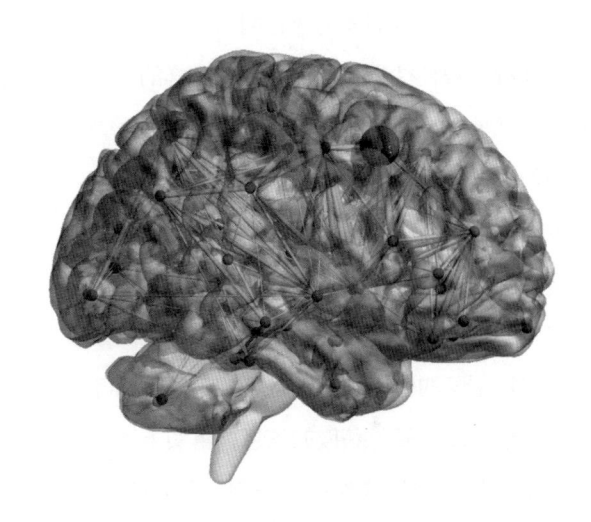

网络要么更加模块化以加速局部进程，要么更加全局化以更好地整体把控信息传输，要么二者兼有。

图3 根据图论绘制的神经元连接

模块组织

模块结构依赖于一种高密度的局部神经元，这种神经元由沿脑回分布的短纤维——U型纤维——构成。根据布罗德曼分区[14]，大脑皮质分为大约50个区域。每一片皮质区域专门负责一种特定的大脑功能。这些由短纤维组合而成的中距离网络，可以形成更广泛的模块网络。不过这些模块网络仍然是专项化的，用于处理较复杂的信息。例如，语言网络的基础是三条白质束，分别为弓状束、钩状束和格施温德束，它们主要连接左半球的布罗卡区和韦尼克区。紊流型嗜思认知者的语言网络似乎格外地高效，他的言语理解指数往往是最高的。但像这样的模块组织，我们同样也可以在某个大画家或某个伟大的运动员身上找到。他们通过表观遗传而拥有更发达的专项网络，同时也通过付出努力来提高自己的表现。

整合组织 (整体)

整合结构的基础是长而密集的同质纤维网络。这些纤维网络连接不同的脑区，特别是连接不同的脑叶，以此整合那些专项功能在局部获取的信息。事实上，如今静息状态下的功能性磁共振成像可以证明，我们的大脑有14个大网络[15] (数量因分类而略有不同)，每个网络的功能各异，包括感觉–运动功能 (视觉、运动、听觉)、执行功能 (注意力、灵活性、规划、控制等) 和记忆功能。这些主要的功能网络又可以简化为三个在静息状态下特别活跃的超级网络，即默认网络、执行网络和突显网络[16]。人们认为，这类大网络对于构建意识的网络[17]至关重要。

所以说，每个人的智力不仅取决于专项网络的性能水平，还取决于整合网络的性能水平。此外，我们还可以认为，真正的智力不仅取决于大脑网络设置的质量或功能组织，还取决于其不断重组这些局部网络和整体网络运行的能力[18]。

因为层流型嗜思认知者对自身推理能力具有更好的控制力，可想而知，他可以通过有效利用大脑的大网络表现出更加综合的功能。这种组织使他能够将专门用于不同认知能力的额叶区域和颞顶叶区域——执行功能和运动功能发生在额叶皮质，感知功能和情感功能发生在颞叶、顶叶和枕叶皮质——联系起来。

因此，智力水平很可能跟局部网络和整体网络之间的动态重组能力有关。这种动态重组这些网络的能力，很可能构成了更好地理解大脑智力的关键。这种动态重组必须建立在一个易于修改和访问的网络系统之上。例如，体现出较强的适应性、灵活性、创造性和解决新问题能力的流体智力，可能依赖于在各网络之间快速建立短时联系的能力。为了满足新需求，这些网络的分工程度很高，构建很完善。由于对新刺激的响应是由执行网络（包括额顶叶区域和扣带－岛盖区域）管理的，因而执行网络可能最适合根据需要实施这种整体动态重组。

与之相反，晶体智力[19]是通过教育、学习和努力，加上外部环境刺激而形成的，它整合了情节记忆、自传体记忆和语义记忆，以及意识功能。这种长期构建，是建立在对新经验、知识的学习和获得的基础之上的，形成了一个连贯的内部系统。晶体智力正是依赖于这种系统。晶体智力的速度较慢，而且晶体智力建立在以前记忆的知识基础之上，因此它可能依赖于默认网络。因为默认网络靠近深层记忆结构（海马体），所以它非常容易获取记忆信息。默认网络通过其中央结构与所有大脑区域实现良好连接，它不需要特别的灵活性和动力就可以被激活。

这一切都令人相信，大脑连接和大脑网络（执行网络或默认网络）的动态重组是通过突显网络来实现的。突显网络扮演着"乐队指挥"的角色，将认知进程引向这个或那个系统。如此一来，突显网络便可以实现专项网络与整合网络之间的转换。其中专项网络（以局部的和自动的模块形式）用于专项能力的快速展开，而整合网络则用于控制和感知规划行动。得益于最先进的核磁共振成像技术，我们现在可以研究这两种类型的嗜思认知者的神经网络情况，以便于掌握他们的大脑解剖功能特征，从而更好地理解他们的心理特征和行为特性。

里昂研究的发现：
嗜思认知者的大脑令人叹为观止

我们在对嗜思认知儿童进行研究的过程中，使用了核磁共振弥散成像技术和功能性磁共振成像技术，一方面是为了研究大脑结构连接和大脑网络设置，另一方面是为了研究大脑功能连接，即大脑网络的短时组织。针对这两种情况，我们比较了三组8岁到12岁之间的儿童的大脑特征：一组具备正常认知功能的儿童（平均智商105）和两组嗜思认知儿童。这两组嗜思认知儿童分别是具有同质认知特点的层流型嗜思认知者（平均智商139）和具有异质认知特点的紊流型嗜思认知者（平均智商129）。

结构连接：更密集

第一，核磁共振弥散成像显示，嗜思认知者的大型白质束，如上纵束和下额枕束的轴向弥散度普遍较高[20]。因为轴向弥散反映了轴突设置的质量，所以我们发现嗜思认知儿童的结构连接性更强（见图4）。这也证实了嗜思认知者不同脑区之间的交流更高效的假设，尤其是由胼胝体连接的大脑两个半球之间的信息传输效率特别高。此外，连接性的强弱与整体智商指数以及言语理解、感知推理和工作记忆方面的指数之间具有很强的关联性，这也表明连接性是一个很好的判断智力的指标[21]。正如预期的那样，嗜思认知儿童比他的同龄人"装备"得更好，他的大脑由更优的神经元布置而成，这提高了他不同脑区之间的信息交流效率。

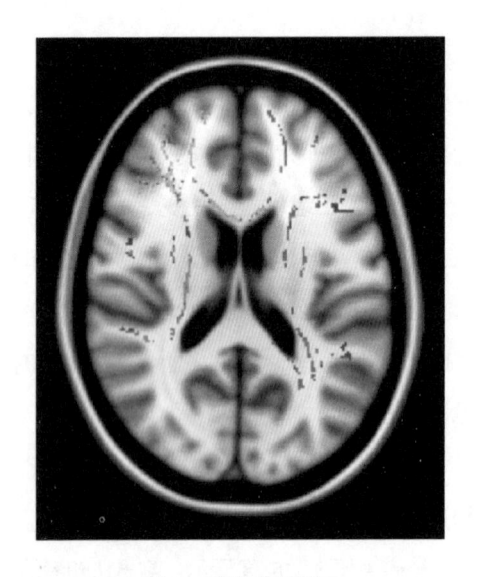

图4 纤维束视觉图

注：纤维束为白色区域中的灰色痕迹，嗜思认知儿童的纤维束具有更强的连接性。

第二，我们比较了两组嗜思认知者的大脑结构连接，发现与紊流型嗜思认知者相比，层流型嗜思认知者的大型白质束的连接性更强（通过各向异性分数[22]衡量）。这一结果再次表明，层流型嗜思认知者的主要脑网络的信息传输效率更高。此外，这种大型纤维束内更强的连接性有助于构建一个更加全面、整合得更好的大脑组织，从而更快地获取局部处理过的信息。

第三，我们将两组嗜思认知者分别与对照组进行比较，发现两类嗜思认知者具有更强连接性的脑区的分布是不同的。紊流型嗜思认知者更强的脑区连接性60%位于左脑神经束，而层流型嗜思认知者更强的脑区连接性60%位于右脑神经束。由此我们可以看出，两类嗜思认知者具有不同的脑功能侧化情况。

因此，对结构连接性的测量显示，连接性随着智力水平的提高（以智商指数来衡量）而增强。同时这也证实，定量地看，与紊流型嗜思认知者相比，层流型嗜思认知者的这种更强的连接性表现得更加明显；定性地看，层流型嗜思认知者的更强连接主要分布在右脑，而紊流型嗜思认知者的更强连接主要分布在左脑。因此，我们提出阐释者（紊流型嗜思认知者）和探索者（层流型嗜思认知者）这两种类型，就是为了方便了解他们在心理-行为和认知方面的差异。上述研究成果也证实了我们对这两种类型所做的区分的合理性。

大脑活动：更尖端

为了更好地了解这两类嗜思认知者的大脑功能，我们还向他们施加了针对其语言能力的刺激，布置了一个文字记忆和检索的任务，同时，我们对他们的大脑进行核磁共振成像扫描。结果显示，根据布置的任务的不同，嗜思认知者多个脑区的整体大脑活动都有所增强。而且，与紊流型嗜思认知者相比，层流型嗜思认知者大脑活动增强的情况更加明显（见图5）。

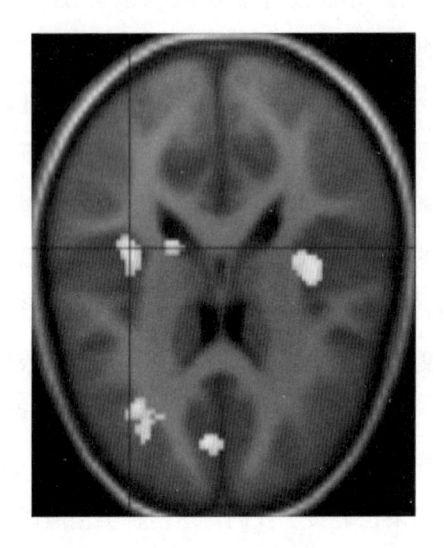

图5 层流型嗜思认知者比紊流型嗜思认知者
更活跃的脑区视觉图

记忆过程中

有两个区域受到了特别的刺激：顶叶的后扣带回皮质

和楔前叶，以及前额叶的左背侧前扣带回皮质和右背外侧前额叶皮质。后扣带回皮质和楔前叶构成了默认网络的后部区域，这两个区域的激活，反映了与集中精力和记忆需求有关的强烈的内在活动。前额叶区域的背侧前扣带回皮质属于突显网络，这一区域的激活，对控制注意力和优化情感及社会行为起着关键作用。事实上，背侧前扣带回皮质参与了构建内部参照和外部刺激之间信息的一致性，但这也是在社会奖励系统的约束下进行的。我们观察到，这一区域受到较高程度的激活，这解释了为什么层流型嗜思认知者可以根据社会准则和情感约束，更好地把握对信息的即时评估。

而右背外侧前额叶皮质，属于执行网络，在选择性注意力方面起着至关重要的作用。它首先将注意力集中在要处理的信息上，其次是抑制有分歧的外部信息。

如此看来，在进行语言记忆任务的过程中，跟紊流型嗜思认知者相比，层流型嗜思认知者的负责选择性注意力（精力集中）、记忆和抑制分心刺激的脑区活动更强烈。由此而知，紊流型嗜思认知者之所以学习困难，主要是因为选择性注意力障碍和精力集中障碍，这些障碍可能是由背外侧前额叶皮质负责的控制和抑制外部信息的网络存在缺陷或网络管理不善所致。

文字回忆和检索过程中

我们观察到，与紊流型嗜思认知者相比，层流型嗜思认知者在以下三个区域的激活程度更高：左侧缘上回和左、右背外侧前额叶皮质。左侧缘上回属于韦尼克区。众所周知，韦尼克区的功能是语音解释和语义回忆，这个区域也参与运动、意志和协调功能。紊流型嗜思认知者的这个大脑区域活动较少，这反映了他的这个大脑区域存在缺陷，也解释了为什么他往往会有发展性协调障碍。最后，下顶叶皮质通过镜像神经元系统在记忆过程中发挥重要作用。镜像神经元系统是模仿进程的中心回路，对手势和语言的学习，特别是对话语的产生至关重要。这也解释了为什么我们能够将手势（手）与话语结合起来，以及为什么我们能够读懂唇语。所以，紊流型嗜思认知者学习兴趣的缺失和吸收新信息的阻碍，可能正是由于这片顶叶区域有缺陷。然而，镜像神经元的作用不止如此，它们还构成了一个真正的系统，用于理解和阐释他人的目的及意义、行为及思想，这个系统是人们同理心的根基。层流型嗜思认知者在同理心方面表现得与众不同，可能是因为他们的镜像神经元系统更加高效。

层流型嗜思认知者的左背外侧前额叶皮质的激活程度更高，这表明工作记忆活动强烈，同时伴随集中注意力。而集中注意力又是通过右背外侧前额叶皮质抑制外部信息促成的。层流型嗜思认知者的特点是对精力和注意力有更强的控制力，而紊流型嗜思认知者会被其他不断汇聚的想法带偏或因此分心。而且由于紊流型嗜思认知者具有左脑优势（外部语言和内部语言更发达，思想更丰富），他们的想法也更加繁杂。

功能连接：更高效

我们通过静息状态下的功能性磁共振成像记录了两组嗜思认知者的功能连接情况。然后，利用图论技术，我们分析了132个灰质区域之间短时连接的统计相关性。如此一来，我们就可以用数学方法分析描述大脑网络结构和大脑组织的四个主要参数：程度反映大脑网络的密度，而中心性则反映大脑网络从一个区域（关键节点）向另一个区域（关键节点）传输信息的能力；局部效率反映异质性的、往往是模块组织的大脑网络，而整体效率则反映同质性的、分布良好的大脑网络。基于这些数据，我们的研究得出了三大结论[23]。

首先，我们将嗜思认知者与正常认知人群相比较，观察发现，功能重组的不同之处主要位于左脑。我们还观察到，脑岛和上顶叶皮质的中心性（信息传输效率）更强。脑岛主要用于处理情绪和痛苦（突显网络），其连接性更强意味着极度敏感。这也证实了嗜思认知者的三大特征之一：超常敏锐。同样，上顶叶皮质的作用是通过提前对视觉-空间信息进行快速整合以做好行动准备。上顶叶皮质的更强连接性正是与超常敏锐有关。不过，我们也注意到中央眶额皮质的局部效率较低，这可以用来解释为什么嗜思认知者控制情绪（中央眶额皮质）或控制驱动力的能力较差。

其次，将两组嗜思认知者分别与对照组进行比较后，我们发现紊流型嗜思认知者的额极功能连接性较弱。额极主要负责规划短时事件，额极功能连接性较弱表明紊流型嗜思认知者在规划、时间管理和活动安排方面存在潜在缺陷，这也可能与前额叶皮质的成熟延迟有关。我们之前已经注意到，嗜思认知者有前额叶皮质成熟延迟的情况[24]。不过，其左侧的视觉皮质、梭状回及海马旁回，与右侧的舌回的功能连接性都较强。同时我们还发现，其脑岛的中心性较强。这些结果显示，在紊流型嗜思认知者的大脑中，从属于突显网络（情绪）的脑岛区域和专门负责识别面孔及情绪的梭状回的功能连接性较强。颞顶叶区域较强的连接性也解释了记忆功能（海马体）和语言能力（舌回）的超常表现。

最后，我们发现，层流型嗜思认知者的眶额皮质的功能连接性较弱，后扣带回皮质的中心性降低。层流型嗜思认知者的眶额皮质的连接性较弱，表明与紊流型嗜思认知者相比，他对经受过的情绪的接受度更低，驱动力更弱。而后扣带回皮质较低的活跃度则表明他对内省的投入更少。这恰好证实了我们对层流型嗜思认知者的临床观察结果。

两种不同寻常的大脑？

我们的所有研究成果都表明，嗜思认知者的功能特征与正常认知人群的功能特征迥然不同。这也证实了我们的临床发现（见第二章和第三章）。

紊流型嗜思认知者

他的枕－颞－顶叶区域的功能连接性更强。这些区域负责自动思考和感知、记忆及语言的处理，还负责与主观性、自我意识和情绪感受有关的认知功能。颞顶叶区域的超常活跃是以牺牲前额叶区域（负责有意识推理、注意力、规划等）为代价的。前额叶区域要么被其他功能网络所忽视，要么由于发育或成熟延迟而有缺陷。

层流型嗜思认知者

层流型嗜思认知者则相反，他的后扣带回皮质或楔前叶的连接性更弱，这可能正好解释了层流型嗜思认知者较弱的自我中心功能。而内省和反省意识薄弱，限制了其自我身份的构建。此外，层流型嗜思认知者的眶额皮质活动较弱，表明他的动机较弱，然而人们注意到他在推理方面超常贯注。

嗜思认知者融入社会的情况如何？

有关两类嗜思认知者的神经科学知识完善了我们的临床观察结果，使我们能够更好地思考每一类嗜思认知者在社会中的位置。

在本书第一章，我们已经说明，因为大脑整体超常发育，嗜思认知者具有强大的综合能力和强烈的思考需求、感知需求，以及在不同观念之间建立联系的需求。对紊流型嗜思认知者而言，这种强迫行为造就了他巨大的创造力。不过，由于夜以继日地承受着纷乱思想的轮番轰炸，这种强迫行为也可能带来困扰。如果一切进展顺利，紊流型嗜思认知者可以把他的想法付诸实践，并通过接受和利用他的非凡个性来构建自己的生活，和自身与众不同的认知能力携手并进。如果进展不顺利，他可能会为这一切的一切——无论是什么，发展出无数的理论，会严肃认真地提出"反对"意见，会发展出某种执念、某种偏好，或者会自我毁灭(见第二章)。而对层流型嗜思认知者来说，嗜思认知则表现为需要分析一切外部刺激因素并将其合理化，以便构建一个在他看来更加实实在在的世界。如果一切进展良好，层流型嗜思认知者可以因此创建原则、规矩和方法，使其与环境保持和谐交流。如果进展不顺，他的原则可能会变得很僵化，以至于这些原则无法适应现实；他可能会尽力压制自己的情绪，无视这种压制发展成不可控的躯体化障碍，或者突然间放弃自己原来的生活和环境(见第三章)。

总而言之，只要紊流型嗜思认知者能够组织自己的工作，安排自己的生活，他就可以在独立性活动中获得极大的满足感，从而更好地促进社会和谐。如果他负责的是在监督之下的活动，而他又拥有较大的活动自由度，那么他就能为所属团体做出最大贡献。层流型嗜思认知者可以很容易在一个庞大的体系中找到自己的位置，比如在大的企业或者机构，他会在那里取得很大成就。他是否能在那里重新找回自我，并显现自我呢？不一定。所以他必须尽早为自己找好出路，这样他才不会觉得自己被体制所吸收同化，他才能继续通过彰显差异对体制有所贡献。与"忍受差异"相反,"彰显差异"能使他获得更多的满足感。通过神经成像技术,我们研究发现,所有的嗜思认知者,不管是紊流型还是层流型,都深受其超常智力的制约。

那么,他们是天才吗?肯定不是!他们的整体能力更强,但是不一定会在某个特定领域具有异乎寻常的能力。那么,是否应该让他们担任公司重要职位,甚至是领导职位呢?需要分情况讨论。虽然并不是所有嗜思认知者都具备领导者或创建者的能力,但是,承认他们的价值,承认他们的素质,有利于公司的成长发展。嗜思认知者很少是纯粹的紊流型或者纯粹的层流型,而且其他因素,例如,个性或环境不同,也会使每一类嗜思认知表现出细微的差别……但无论他们是与众不同的、莽撞冒失的,还是反传统的,只要重视他们的观点和意见,公司就会发展得更好。甚至可以说,做一个特设顾问或者长期顾问是最适合他们的。团体应该毫无保留地让他们承担这种角色,不要对他们预设期待。智者可以是一个穿着长袍、留着白胡子的人,也可以是一个兴奋异常的硬摇滚歌手。诚然,更好的思考不一定就能造就智者,但是,听取一个天生擅长思考的人的建议,至少是明智之举。

嗜思认知者的特征

要素	紊流型嗜思认知者 拓荒者	层流型嗜思认知者 瑞士军刀
比喻		
图腾动物 能量 态度	猕猴 自由而湍急 追求极致	熊 受到抑制、太阳能 坚韧、耐心而节制
认知功能		
对世界的把握 信息调整 驱动力	阐释者 失控的认知过载 无休止的运动	探索者 超常意识 自然晋升
与自身的关系		
面对自我/自处 情绪 动机	自尊心弱，自信心强 同情心 自毁	自尊心比自信心强 同理心 自卫
与环境的关系		
预感 与他人的关系 与权威的关系	本能 误解 反对、否认和违抗	直觉 可靠和适应 尊重，但是迂回
障碍		
	神经质、睡眠障碍、非言语型学习障碍(SDNV)、注意缺陷多动障碍(TDA/H)、学习障碍	倦怠、心身障碍、成瘾、本质抑郁

智力新模型

我们希望读者现在对嗜思认知，对紊流型和层流型这两类嗜思认知者的特征，已经有了更加清晰的认识。嗜思认知这种模型并不能涵盖所有的智力表现类型，它仅仅是指那种拥有较高的整体认知水平的个体的高超认知能力，这种能力使他们能够更快地感知和处理获得的信息。他们不一定会在某一领域——如绘画、雕刻、音乐、体育等——表现得更优秀。反之亦然，那些在某一领域具有超常表现的人不一定就是嗜思认知者，他们也不一定拥有高水平的、达到哲学追求层次的思考能力。

大多数人在评价一个数学天才的时候，都偏向于认为（有时是错误地认为）他是天赋超常的或高潜能的人；那么，如果一个人具有非凡的绘画能力，而智力水平中等，又该如何评价他呢？更微妙的是，如果一个人自幼记忆力超群，但是推理能力极差，对最基本的哲学问题都没有任何兴趣，我们又该如何评价他呢？对于一个拥有卓越的推理能力，关注与世界及自身在世界中的位置相关的问题，整体能力很强却并无任何异乎寻常的天分的人——这正是大部分嗜思认知者的情况，我们又该如何评价呢？

带着这些问题，我们希望在本书的最后，提供一个更加完善的智力模型。

　　智力问题是一个长期以来争议不休的问题。您可以试着凭本能想象一个极其聪明的人。您可能会把他想象成一个戴眼镜的知识分子，他非常喜欢数学，在做数学练习的时候总能感受到难以掩饰的喜悦，或者把他想象成一个拥有令人震惊的知识储备的人，就像人们所说的那种学识渊博的人……然后，再想象一下，您可能会纠正自己说，您还认识其他极其聪明的人：从事文学工作的人、干体力活的人、技术人员等。这样一想，您就会发现，现实中存在各种各样的智力形式，很难为之寻到一个恰当的定义。这时候，您会通过想象那些顶级运动员、伟大的画家、伟大的音乐家、杰出的园艺家，甚至电子游戏之王来验证您的推理，您会很容易地认为他们都以各自的方式表现得极其聪明。此时，您会遗忘自己关于智力——包括思考能力、动手能力，甚至社交能力——的最初认识。您可能会得出结论，"智力"一词，从绝对意义上讲，是一个万能词语，在我们的现实生活中并无太大的实际意义。为了证明这一点，您列举了众多的叫法，如"天赋超常""聪颖早慧""高潜能"，以及有条纹、有皮毛、有羽毛或有鳞甲的动物……然而这些叫法并非指代同一类人。

如果您在社交聚会上提起这个话题，试图通过他人的反馈来获取更加清晰的认识，那么您可能会感到惊讶，因为您会遇见具有天壤之别的各种讲述："他是个学者/不，他是个笨蛋！""他感觉良好/不，他感到很痛苦""他肯定很有创造力，因为他思维很灵活/不，他超级严格，他的项目，我们连一个标点都不能改"……因为进一步地思考，您的最初印象（戴眼镜的知识分子）本来就已经站不住脚了，如今更是全面瓦解了。最后只有一点是您确信的，那就是：智力是不存在的。是的，您说得对。如果您哪天恰好是悲观主义者，您就会这样想。

如果您哪天是乐观主义者，您就会对这个问题有不同的看法。您要主动超脱主题，从而远离观念之争。如此一来，您的推理就会变得更加客观。我们都知道，人脑天生就是一个智力器官。它分拣、比较信息，创造可能性，努力寻找并找到适应的办法。从这个角度看，一切生命，不管他是否健康，都应被认为是有智力的。而我们感兴趣的，是那些以某种形式表现出智力优势的群体。客观地讲，抛开对精英主义概念政治正确性的考虑，我们可以肯定地说，您的思考确实是关于那些具有某种智力优势（不管是哪种智力优势）的个体。

尽管有些人会不乐意，因为他们仍然会把情绪和认知分开，认为认知仅限于推理能力，但是科学地讲，大脑为了学习和适应而进行的一切信息传输都被称为认知能力。它们涵盖所有的大脑策略类型，包括推理、感觉-运动感知，以及情绪处理。

从理论上讲，存在两类智力模型：一类模型认为优势认知相当于更高水平的推理素质；另外一类模型认为优势认知是在某个偏好领域中的更优表现。

作为更高水平的推理素质的优势认知

根据将认知优势现象描述为推理能力的组合的那些模型[25]（偶有不同），一个人在语言、视觉-空间、注意力、记忆、抽象、规划、执行速度、流体智力、知识获取等方面的能力之间表现出的关联性越大，他的一般智力（一般智力因素，智商）就被认为越高。

然而，如果这些描述个人所拥有的全部推理能力的模型是恰当的，那么，这些模型给优势认知下的定义就仅是推理能力。这里所说的只是一般推理能力，并没有在现实中转化为特定的技能。一个人可以有很好的言语理解能力，但不一定是好作家；一个人可以顺利通过逻辑测试，但不一定是科学奇才……按照这个逻辑，一个具有卓越认知能力的人不一定具有适用于现实的卓越技能，他仅仅是整体推理能力比其他人更强而已。因此，推理能力之外的素质，诸如运动能力、艺术能力或人际交往能力，是不在考虑范围之内的。

作为在偏好领域更优表现的优势认知

第二类模型则认为，优势认知意味着各种各样不同的能力，或者存在多样的智力形式[26]。在这类模型提到的各种能力（言语、音乐、嗅觉、逻辑-数学、哲学等）方面，个人可以表现得很出色。此外，大多数这类模型都引入了系统或环境维度，这些维度增强了个体的基础能力，并使个体或多或少呈现出某种程度的表现。

在此，优势认知这个概念与表现紧密相关，换句话说，与偏好领域的成功紧密相关。在某一领域的成功程度越高，个体就越被认为在该领域是具有高水平智力的。按照这个定义，优势认知是指个人从他的偏好领域出发，适应社会的期望并被社会提升的能力。虽然这类模型的理论定位是可以理解的，但其局限性在于，它实际上排除了任何在思维模式或特定技能方面的优势能力，因为这些优势能力并没有转化为表现。此外，整体环境或生态系统（环境、机遇、个人特征）的概念在这里就像是一个粗糙的黑匣子，通过黑匣子，偏好转化为表现，至于转化的具体情况则无从得知。

作为一切智力显现的超级认知

经过这样一番研究，如果您还不满意这些模型，认为它们不太完善，无法定义所有的高水平认知，那么，就请尽情想象一种您认为合适的模型吧。这种模型需要基于临床观察和科学支持，可以涵盖上述两种模型。并且，这种模型既能够更加精确地定义高水平智力（认知），在语义上又可以准确命名其所指，从而避免一切歪曲误解，并赢得一致认可……

让我们回到问题的本源：如何定义认知优势，不管它是何种形式的认知优势？它是指思考得更多、更好的整体能力，还是指在特定领域里更加优异的表现？首先，我们回忆一下认知的基本定义。认知是指整体精神活动（出自大脑的活动），这种精神活动既可以是有意识的，也可以是无意识的，它通过大脑处理一切信息——推理、情绪、知觉、运动——实现理解和适应。根据这个定义，我们观察到一种正常的认知功能和一种具有明显优势的认知功能，后者被我们称为"超级认知"。"超级认知"一词本身就是描述性的，它不指代任何它所命名的对象之外的事物：一个超级认知者可能表现出任何认知上的优势。超级认知可分解为两种不同的认知过程。

嗜思认知者

我们发现，嗜思认知者对整体智力的体系超常投入，他有高水平的思维能力、感觉和情绪敏锐度及联想能力，但不一定有什么特定的能力。大脑的三条"高速公路"——执行网络、突显网络和默认网络，分别意味着超常思辨、超常敏锐和超常迁移。

极端认知者

极端认知者负责推理、感知或运动的局部系统发育过度，但并非必定因此出现某种高于正常值的思考和概念化模式。在理性表现方面，我们注意到：数学专家调动了双侧前额-颞-顶网络[27]；专业棋手调动了颞顶联合区和楔前叶[28]；经验丰富的出租车司机调动了海马体，他们的额顶区域和初级视觉区域之间的大脑连接性也较强[29]（在全球定位系统出现之前！）。

在知觉表现方面，我们注意到：画家大幅调动了感觉运动顶叶网络[30]；音乐家调动了运动皮质、前运动皮质、颞横回和小脑[31]；大厨们的小脑，特别是蚓部的灰质体积较大[32]；品酒师的脑岛、眶额皮质和背外侧前额叶皮质的活动较强烈[33]。

在运动表现方面，我们注意到：网球高手调动包括顶上皮质、顶内沟、额下回和小脑在内的大脑网络，表现出卓越的预测能力[34]；舞者的额叶皮质、眶额皮质和小脑的活动较强[35]；手球运动员的运动皮质、体感皮质和顶内沟的活动较明显[36]。

因此，一切特定领域的优异表现都涉及特定天分的发展，而特定天分又对应超常激活的大脑网络。这种大脑网络的超常激活是个体所特有的，因此被称为极端认知。在此，能力被认为是完全独立于思维品质的。此外，极端认知的形成可能更多来自自发的（天生的）能力，这种能力或通过劳动，或通过特定条件，或通过刻苦训练得到了强化。因此，极端认知者也可以分为两种类型：一种是依赖天分的，另一种是基于勤奋的。虽然这两种类型的极端认知者不能同时达到专业水平，但是他们都可能有高水平的表现。

尼斯博姆			超级认知		
	极端认知			嗜思认知	
专项网络					整体网络
推理***	感知***	运动***	超常思辨	超常敏锐	超常迁移
→专项网络	→专项网络	→专项网络	→执行网络	→突显网络	→默认网络
策略	视觉	协调	思考	情绪	情节记忆
逻辑	触觉	精确	推论	意义	精神模拟
记忆	听觉	平衡	控制	本体感觉	往复投射
规划	气味/味道	驱动力	有意识的树状思维	预感	无意识的树状思维

依赖天分　　基于勤奋　　紊流型　　层流型

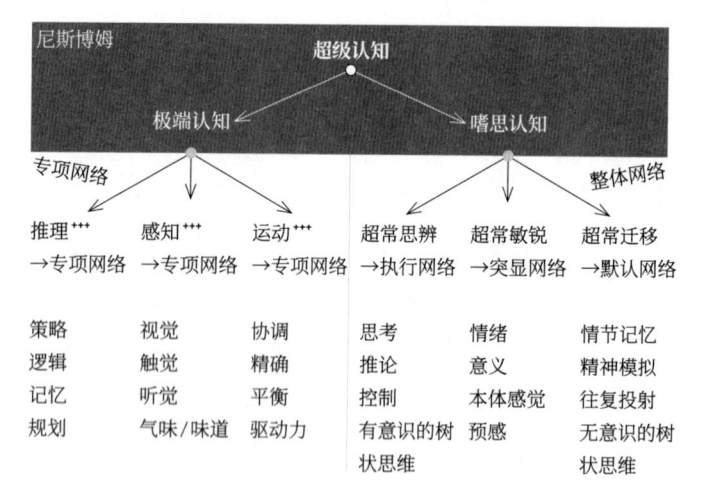

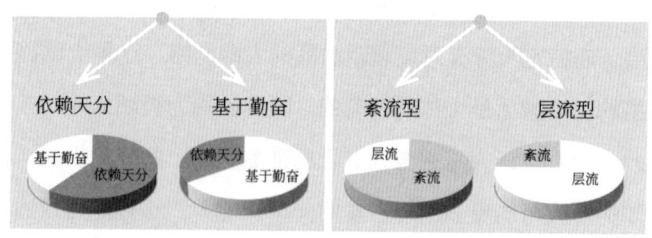

能力

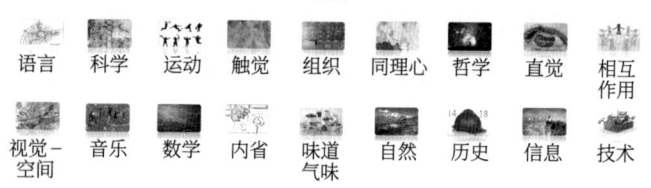

语言　科学　运动　触觉　组织　同理心　哲学　直觉　相互作用

视觉-空间　音乐　数学　内省　味道气味　自然　历史　信息　技术

图6　超级认知模型

智力、天才和成功

真正无爱的天才是不存在的。
因为成就天才的，
既非高超的智力，又非想象力，
亦非二者相加。
爱！爱！爱！
这才是天才的灵魂。

——莫扎特

至此，我们对一般智力的概念已经有了非常大的改进！根据我们的模型，超级认知包括一切优势认知类型，可以细分为嗜思认知和极端认知。其中，嗜思认知具有高水平的整体思维系统，持续不断地关注哲学问题，而极端认知具有局部的、模块化的表现系统。然而，还有两个问题悬而未决：天才之谓何物？成功在我们的这种模型中的地位如何？

是否可以定义天才？

今天就必须做

大家明天才会做的事情。

——让·谷克多[37]（Jean Cocteau）

至于天才到底是什么，实在很难给出一个定义。我们尝试这样定义天才：天才既是聪颖早慧者，又是先行者。这一次，"聪颖早慧"这个概念是适用的。从孩童时期开始，与同龄人相比，天才们就已经表现出明显的提前发展。这种提前发展在周围人看来也是显而易见的。青少年时期，他们会因为提前在自身偏好领域取得成就而木秀于林。

想着与时代同步的时候，
实际上就已经被超越了。

——尤金·尤奈斯库[38]（Eugène Lonesco）

我们回头再来看看爱因斯坦、列奥纳多·达·芬奇、莫扎特、米开朗琪罗、巴勃罗·毕加索、布莱兹·帕斯卡[39]（Blaise Pascal）、威廉·莎士比亚、伽利略、阿蒂尔·兰波、拿破仑、文森特·凡·高等天才，他们既有极端认知（在偏好领域具有明显较高的能力），又有嗜思认知（整体思维素质明显较高）。天才们很可能是"完善的"超级认知者，他们在各自的偏好领域中都是"最高水平的",而且他们自身的优势总是很早就表现出来了。嗜思认知在此主要是为"全方位思考自己的领域及该领域所涵盖的内容,以便赋予它更大的意义"服务的,而不是为一般哲学服务的。有鉴于此,嗜思认知成为有预见的改革观点的支撑。因此,天才是嗜思认知和极端认知相互依存的表现。整体认知主要围绕对领域的思考,同时也增强了极端认知中的专项认知。

> 天才在他们各自的时代,
> 通常都只是孩子,
> 但是有时他们出生得太早或太晚了。
> 如果他们出生得太早,
> 早于他们的时代,他们会被忽视;
> 如果他们出生得太晚,
> 他们对什么都无能为力,
> 也无法获得永久的声望。
>
> ——弗朗索瓦·勒内·德·夏多布里昂[40]（François-René de Chateaubriand）

成功在其中的地位如何?

至于在事业上（适当运用自己的禀赋服务于环境）,不言而喻,无论是极端认知者、嗜思认知者,还是完善的超级认知者,抑或是天才,都不会有某种系统性的成功。不过,很多人虽然并非嗜思认知者,亦非极端认知者,却取得了显著的成功。那么,成功人士是否具有同样的要素、同样的行为特征,或者是同样的大脑网络呢?

创造力的概念经常与成功相关联,不过,也有形形色色的人,虽然表现出强大的创造力,但是成功未必如期而至。要想成功,创造力要素大概是必要条件,不过它肯定不是充分条件。另一要素是驱动力,驱动力无疑是成功的温床。不过,驱动力又从何而来呢?我们设想有两个能力相等的个体,如果一个人取得了成功,另一个人却失败了,我们该做何解释呢?我们来重温一下内驱力(来自自身的驱动力)和外驱力(来自外界环境——父母、老师等——的驱动力)的理论。有些人认为,那些成功人士都是自己驱动自己的。不过,个体为自身做出的选择和为环境做出的选择,这二者之间的界限却不甚明了。而且我们发现,很多成功是在外驱力的强烈推动下实现的,比如罗曼·加里或安德烈·阿加西[41](André Agassi)的成功。

> 要么努力震惊世界,
> 要么不断自我重复。
>
> ——阿尔伯托·贾科梅蒂[42](Alberto Giacometti)

仔细想想，其实创造力和驱动力一样，都可能受到某种抑制因素、某种针对成功的拦路虎的阻碍。这种抑制因素可能是恐惧。恐惧是人避开一切不安全情况、优先寻求最大舒适度的基本需求。然而，恐惧及其必然结果，即寻求舒适和安全的需求，却成为驱动力的最大敌人。恐惧，寻求舒适和安全，就意味着拒绝冒险，拒绝不确定性。而冒险和不确定性正是实现成功所必需的。

害怕失败就是害怕被嘲笑，
没有什么比这更小气的了。
向前进，就是不惧怕
成为他人的笑柄。
——萧沆

驱动力的第一要素是过度活跃（或冲动），这里是指没有注意力障碍的那种过度活跃（或冲动）。过度活跃表现为抑制不住地想要活动起来——拥有身体活动或精神活动的冲动。不过与人们的一般想法截然相反，并非所有过度活跃者都像干电池，尽管他们需要以这样或那样的方式（在会议中疯狂地晃动肢体，咬指甲，在电视机前玩手机，做运动……）释放他们的能量。他们也可能表现得十分平静，然而每时每刻，他们都需要进行运动的或精神的放电。如此一来，他们就成了"合并大师"："休息+反思或反刍思维""学习+运动""运动+反思或反刍思维"等。冲动是一种通常与过度活跃相关的现象，源于个体难以忍受挫折，因此急切想要满足自己的期待。他这样做，虽然让周围的人感到不舒服，但是他的这种需求冲动迫使他有意或无意地采取一切有助于他尽快实现自身目标的策略。因此，我们发现，过度活跃者有点缺乏耐心。只要他在场，为了安抚或者照顾他的急躁情绪，人们自然而然地感到紧迫，强迫自己直奔主题，并进行自我检查。

驱动力的第二个要素是心理灵活性，它是应变能力（适应压力或适应一般的现实要求的能力）和抗打击能力的重要支柱。事实上，一个人越是能够接受和整合意外信息并消化它们，越是能够从错误中学习并转变前进方向，他就越能够避免恐惧。

> 能够生存下来的物种，
> 并非最强物种，
> 亦非最聪明的物种，
> 而是最能适应变化的物种。
>
> ——查尔斯·达尔文

对于成功而言，我们可以认为，当过度活跃（冲动）和心理灵活性取代了恐惧，成功就会如期而至。冲动往往可以保护个体免受恐惧之苦，因为事情的紧迫性使个体没有时间去思考潜在的危险。同样，心理灵活性也通常直接与恐惧对立，并且将恐惧对象作为待解决问题的相关信息进行整合。重新分析过度活跃和心理灵活性这两个要素，有助于我们将其整合进我们的超级认知模式。过度活跃只不过是精神活动的高级发展形式，其目的是规划行动。至于心理灵活性，则是执行网络推理能力的局部表现。因此，那些取得显著的职业成就的个体，可能是在规划行动和推理方面的极端认知者。

如此一来，超级认知模型就涵盖了智力的所有维度。一方面是嗜思认知，这种建立在超常思辨、超常敏锐和超常迁移基础上的整体思维体系，可以细分为两种类型——紊流型和层流型，这就可以解释嗜思认知者的某些特殊性，例如丰富的想象力、社会适应不良、思想开放或情绪克制；另一方面是极端认知，表现为在某些推理、知觉和运动方面具有非常特殊的禀赋，这既可以解释极端认知者异乎寻常的表现，也可以解释其成功的驱动力。此外，我们的认知模型也可以解释，嗜思认知和极端认知的结合如何造就了天才。这个大致模型考虑到了智力的整体表现,同时有我们的临床观察和神经科学的基础作为支撑。因此,我们希望这个模型能够阐明人类的智力运作方式。

> 那么,国王、神灵、运气和胜利
> 都将永远臣服于你,
> 而这,可比帝王和荣耀更加宝贵,
> 因为,我的孩子,
> 你将成为一个大写的人。
>
> ——鲁德亚德·吉卜林

---

1 Changeux J.-P., *L'Homme neuronal*, Fayard, 1983.
2 神经发生,是指神经系统以神经干细胞为基础生成神经元的进程。神经发生一般主要出现在胚胎和儿童的大脑神经发育过程中。——译者注
3 后成说,指环境对于个体发育的遗传机制的改变和影响。——译者注
4 Changeux J.-P., Courrège P., Danchin A., « Theory of epigenesis of neuronal networks by selective stabilization of synapses », *Proc. Natl. Acad. Sci. USA*, 1973, 70 (10), p. 2974-2978.
5 大脑可塑性,又称神经可塑性,是指大脑根据环境和既往经验重塑自身的能力。——译者注
6 表观遗传学,又称拟遗传学、表遗传学、外遗传学以及后遗传学。在生物学和特定的遗传学领域,表观遗传学研究的是在不改变DNA序列的前提下,通过某些机制引起可遗传的基因表达或细胞表现型的变化。——译者注

7   Waddington C. H., « Canalization of development and the inheritance of acquired characters », *Nature*, 1942, 150, p. 563-565. Heard E., *Épigénétique et mémoire cellulaire*, Fayard, 2013.

8   拉蒙·卡哈尔（1852—1934），西班牙病理学家、组织学家、神经学家，1906年诺贝尔生理学或医学奖得主。他对于大脑的微观结构研究具有开创性，被许多人认为是现代神经科学之父。——译者注

9   Ramón y Cajal S., *Les Nouvelles Idées sur la fine anatomie des centres nerveux*, C. Reinwald & Cie, 1894.

10 查尔斯·谢林顿（1857—1952），英国神经生理学家、组织学家、细菌学家和病理学家，在生理学和神经系统科学方面贡献卓越。他和埃德加·阿德里安（Edgar Adrian）因"关于神经功能方面的发现"而一起获得1932年诺贝尔生理学或医学奖。——译者注

11 Sherrington C. S., *Man on His Nature*, The Gifford Lectures, 1938.

12 唐纳德·赫布（1904—1985），加拿大心理学家，在神经心理学领域有重要贡献，致力于研究神经元在心理过程中的作用，被认为是神经心理学与神经网络之父。——译者注

13 Hebb D. O., *The Organization of Behavior : A Neuropsychological Theory*, Wiley, 1949.

14 Brodmann K., *Vergleichende Lokalisationslehre der Grosshirnrinde*, Johann Ambrosius Bart, 1909.

15 Shirer W. R., Ryali S., Rykhlevskaia E., Menon v., Greicius M. D., « Decoding subject-driven cognitive states with whole-brain connectivity patterns », *Cerebral Cortex*, 2012, 22 (1), p. 158-165.

16 Menon v., « Large-scale brain networks and psychopathology : A unifying triple network model », art. cit.

17 Dehaene S., Kerszberg M., Changeux J.-P., « A neuronal model of a global workspace in effortful cognitive tasks », *Proc. Natl. Acad. Sci. USA*, 1998, 95 (24), p. 14529-14534.

18 Barbey A. K., « Network neuroscience theory of human intelligence », *Trends in Cognitive Sciences*, 2018, 22 (1), p. 8-20.

19 晶体智力，是卡特尔智力理论中的一种智力形态，是指在有固定答案情况下，个体依据事实性资料的记忆、辨认和理解来解决问题的能力。晶体智力是以习得的经验为基础形成的认知能力，它受后天影响较大。——译者注

20 Nusbaum F. *et al.*, « Hemispheric differences in white matter microstructure between two profiles of children with high intelligence quotient *vs.* controls », art. cit.

21 Kocevar G. *et al.*, « Brain structural connectivity correlates with intelligence in children : A DTI graph analysis », *Intelligence* (en révision).

22 各向异性分数，是用来定量分析各向异性的参数。——译者注

23 Suprano I. *et al.*, « Topological brain networks reorganization in children with high intelligence quotient : A resting state fMRI study », *Proc. Natl. Acad. Sci. USA*, 2019 (en soumission).

24 Schaw P. *et al.*, « Intellectual ability and cortical development on children and adolescents », *Nature*, 2006, 440, p. 676-679.

25 Boake C., « From the Binet-Simon to the Wechsler-Bellevue : Tracing the history of intelligence testing », *Journal of Clinical Experimental. Neuropsycholology*, 2002, 24 (3), p. 383-405. Spearman C., « General intelligence, objectively determined and measured », *The American Journal of Psychology*, 1904, 15 (2), p. 201-292. Horn J. L., Cattell R. B., « Refinement and test of the theory of fluid and crystallized general intelligences », *Journal of Education and Psychology*, 1966, 57 (5), p. 253-270. Prasad D. J., Naglieri J. A., Kirby J. R., *Assessment of Cognitive Processes : The PASS Theory of Intelligence*, Allyn & Bacon, 1994.

26 Sternberg R. J., *Beyond IQ. A Triarchic Theory of Intelligence*, Cambridge University Press, 1985. Den Hartigh R. J., van Dijk M. W., Steenbeek H. W., van Geert P. L., « A dynamic network model to explain the development of excellent human performance », *Frontiers in Psychology*, 2016, 7, p. 532.

27 Almaric M., Dehaene S., « Origins of the brain networks for advanced mathematics in expert mathematicians », *Proc. Natl. Acad. Sci. USA*, 2016, 113 (18), p. 4909-4917.

28 Hänggi J., Brütsch K., Siegel A. M., Jäncke L., « The architecture of the chess player's brain », *Neuropsychologia*, 2014, 62, p. 152-162. Krawczyk D. C., Boggan A. L., McClelland M. M., Bartlett J. C., « The neural organization of perception in chess experts », *Neurosciences Letters*, 2011, 499 (2), p. 64-69.

29 Maguire E. A. et al., « Navigation-related structural change in the hippocampi of taxi drivers », *Proc. Natl. Acad. Sci. USA*, 2000, 97 (8), p. 4398-4403.

30 Lin Chia-Shu *et al.*, « Sculpting the intrinsic modular organization of spontaneous brain activity by art », *PLoS One*, 2013, 8 (6), e66761.

31 Moore E., Schaefer R. S., Bastin M. E., Roberts N., Overy K., « Can musical training influence brain connectivity ? Evidence from diffusion tensor MRI », *Brain Sciences*, 2014, 4 (2), p. 405-427.

32 Cerasa A., Sarica A., Martino I., Fabbricatore C., Tomaiuolo F., Rocca F., Caracciolo M., Quattrone A., « Increased cerebellar gray matter volume in head chefs », *PLoS One*, 2017, 12 (2), e0171457.

33 Castriota-Scanderbe A. *et al.*, « The appreciation of wine by sommeliers: a functional magnetic resonance study of sensory integration », *NeuroImage*, 2005, 25 (2), p. 570-578.

34 Balser N. *et al.*, « Prediction of human actions : Expertise and task-related effects on neural activation of the action observation network », *Human Brain Mapping*, 2014, 35 (8), p. 4016-34.

35 Lin Chia-Shu *et al.*, « Sculpting the intrinsic modular organization of spontaneous brain activity by art », art. cit.

36 Hänggi J., Langer N., Lutz K., Birrer K., Mérillat S., Jäncke L., « Structural brain correlates associated with professional handball playing », *PLoS One*, 2015, 10 (4), e0124222.

37 让·谷克多（1889—1963），法国诗人、小说家、剧作家、设计师、编剧、艺术家和导演。谷克多的代表作品是小说《可怕的孩子们》，电影《美女与野兽》和《奥菲斯》。——译者注

38 尤金·尤奈斯库（1912—1994），法国剧作家，荒诞派戏剧最著名的代表人物之一。作品主要表现"人生是荒诞不经的"主题。——译者注

39 布莱兹·帕斯卡（1623—1662），法国神学家、哲学家、数学家、物理学家、化学家、音乐家、教育家、气象学家。——译者注

40 弗朗索瓦·勒内·德·夏多布里昂（1768—1848），法国作家、政治家、外交家，法兰西学院院士，法国早期浪漫主义的代表作家。——译者注

41 安德烈·阿加西（1970—   ），已退役的美国男子网球运动员。——译者注

42 阿尔伯托·贾科梅蒂（1901—1966），瑞士雕塑家。——译者注

结束语

登峰所付出的努力本身
足以慰藉人心。
必须相信，西西弗是幸福的。

La lutte elle-même vers les sommets
suffit à remplir un cœur d'homme.
Il faut imaginer Sisyphe heureux.

Albert Camus

阿尔贝·加缪

阿尔贝·加缪（1913—1960），法国小说家、哲学家、戏剧家、评论家，于1957年获得诺贝尔文学奖。——译者注我们的嗜思认知之旅终于来到了尾声，除非这只是中转站。

随着时间的推移和写作的深入，我们的想法也在不断发展。观点交融，寻找好的或差强人意的新路径，犹豫不决，重新尝试，最后将我们的临床经验和脑成像结果全面展示出来，这些都是不可思议的重要时刻。就像首度冬季登顶喜马拉雅山一样，这真是一次既令人兴奋又充满危险的"登顶"之旅。我们既充满热情又小心谨慎地前进，为着一个共同的心愿：在探索大脑和构建智力模型方面开辟新道路。我们依靠的是一个涵盖各种技能的大脑网络，这些技能必然是与众不同、有所互补的。在这趟征程中，登山组的领头人是一位灵活敏捷、目光远大的女士。这位可贵的领头人正确定位了支撑点，开辟出没有人走过的路。登山组的组员们既和蔼亲切又审慎细心，他们在登山途中证实了新道路和这些支撑点的有效性。要重新审视优势认知及其暗含着的大脑结构，挑战还是很大的。我们经常会遇到这类问题：艾萨克·牛顿和迈克尔·杰克逊的创造性之间可能存在什么样的共同之处？夏尔·波德莱尔和罗杰·费德勒（Roger Federer）这两个天才之间有什么认知方面的"亲缘"关系？总而言之，如何将这些既异乎寻常又与众不同的智力形式归类到一起去呢？我们聚集在一起，正是因为这些问题，我们也迫切想要一起找寻这些问题的答案。为了更加贴近现实，我们不得不重新定义一切形式的超级认知。

不寻常的能力，不管是认知能力、情感能力、艺术能力，还是运动能力，我们对它们进行重新命名（层流型和紊流型），然后进行归类（嗜思认知和极端认知），这样它们就变得更加清晰易懂了。通向成功的道路，必然要经过这样一种勇敢的尝试。如果有朝一日，这种尝试可以帮助破解仍迷雾重重的谜题、某个"大秘密"，那么所有人都会受益匪浅。可是，将能力转化为表现的理想途径是什么呢？

我们的著作开辟了新的理论视野，并提供了一些易于应用的实践方法。最后，再奉送一个假设，一个乐观的假设，一个有点儿反传统的假设。不过仔细想想，这个假设又是如此的正当。这个假设是，如果成功的办法之一正是去研究过度活跃者呢？为过度活跃正名！这种"不可抑制地调动身体和思维的强烈需求"一直以来都受到儿童专家和媒体的粗暴对待。那么，要敢于把过度活跃及其难兄难弟——冲动，想象成成功的因素……不过，这种可再生的能量对于一切形式的能力——不管它是什么——的实现来说，都可能是必不可少的驱动力因素。如果这种驱动力因素缺失，或者应用不当，就会造成某种程度的表现不佳。反之，它会对那些懂得将过度活跃转变为积极主动的人有益。

我们来做个阶段性总结！我们是否实现了目标呢？诚然，还有一些难题有待攻克，不过，我们觉得，我们在理解这类非典型人群的道路上已经有所进步。我们有信心，不过缺乏确信。过于密切地关注超级认知，人会变得谦卑。一个世纪以来,智力和成功一直都令人着迷,杰出的先驱者已经开辟出一条道路。在此我们向他们致以诚挚的谢意!

> 我们所知道的一切伟大
> 都来自神经质的人。
> 是他们
> 建立了宗教,谱写了杰作。
> 世界从来都不知道
> 自己欠了他们多少,
> 也从来不知道,
> 他们为之忍受了多少痛苦……
>
> ——马塞尔·普鲁斯特(Marcel Proust)

参考书目

Adda A., *Psychologie des enfants doués*, Odile Jacob, 2018.

Adda A., Brunel T., *Adultes sensibles et doués. Trouver sa place au travail et s'épanouir*, Odile Jacob, 2015.

Aron E. N., *Ces gens qui ont peur d'avoir peur : mieux comprendre l'hypersensibilité*, Les Éditions L'Homme, 2013.

Bléandonu G., *Les Enfants intellectuellement précoces*, PUF, « Que sais-je ? », 2004.

Bossi Croci S., *Funambule. Mon parcours d'enfant à haut potentiel*, Éditions Tom Pousse, 2015.

Bost C., *Différence et souffrance de l'adulte surdoué*, Vuibert, 2011.

Bost C., *Surdoués : s'intégrer et s'épanouir dans le monde du travail*, Vuibert, 2016.

Devreux C., *Haut potentiel : du boulet au cadeau*, L'Harmattan, 2015.

Foussier V., *Adultes surdoués, cadeau ou fardeau ?*, Josette Lyon, 2017.

Galbraith J., *Je suis doué et ce n'est pas plus facile. Un guide de survie*, La Boîte à livres, 2011.

Gauvrit N., *Les Surdoués ordinaires*, PUF, 2014.

Grammond A., Simon S., *J'aide mon enfant précoce. Déceler, comprendre et accompagner les hauts potentiels et les surdoués*, Eyrolles, 2018.

Grand C., *Toi qu'on dit surdoué. La précocité intellectuelle expliquée aux enfants*, L'Harmattan, 2011.

Guilloux R., *Les Élèves à haut potentiel intellectuel*, Retz, 2016.

Kermadec M. (de), *L'Enfant précoce aujourd'hui, le préparer au monde de demain*, Albin Michel, 2015.

Kermadec M. (de), *L'Adulte surdoué : apprendre à faire simple quand on est compliqué*, Albin Michel, 2011.

Kermadec M. (de), *L'Adulte surdoué à la conquête du bonheur : rompre avec la souffrance*, Albin Michel, 2016.

Kieboom T., *Accompagner l'enfant surdoué*, De Boeck, 2015.

Lalande L., *Au secours, mon enfant est précoce ! Les signes, les tests, les conseils...*, Eyrolles, 2013.

Laurent J.-F., Ammane S., *Be APIE : Atypiques Personnes dans l'Intelligence et l'Émotion. Ces surdoués qui dérangent vous parlent avec le cœur*, Jean-François Laurent éditeur, 2009.

Lussier F., *100 Idées pour mieux gérer les troubles de l'attention*, Éditions Tom Pousse, 2011.

Magnin H., *Moi, surdoué(e) ?! De l'enfant précoce à l'adulte épanoui*, Éditions Jouvence, 2013.

Miller A., *L'Avenir du drame de l'enfant doué*, PUF, 1999.

Millêtre B., *L'Enfant précoce au quotidien. Tous mes conseils pour lui simplifier la vie à l'école et à la maison*, Payotpsy, 2015.

Parzyjagla C., *Les enfants surdoués*, Ellipses, 2017.

Perrodin-Carlen D., *Et si elle était surdouée ?*, SZH-CSPS Édition, 2015.

Revol O., *On se calme ! Mieux vivre l'hyperactivité*, J'ai Lu, 2014.

Revol O., *Même pas grave ! L'échec scolaire, ça se soigne*, J'ai Lu, 2007.

Revol O., Brun V., *Trouble déficit de l'attention avec ou sans hyperactivité*, Masson, 2010.

Revol O., Habib M., Brun V., *L'Enfant à haut potentiel intellectuel : regards croisés*, Sauramps Medical, 2018.

Revol O., Poulin R., Perrodin D., *100 Idées pour accompagner les enfants à haut potentiel*, Éditions Tom Pousse, 2015.

Reynaud A., *Les Tribulations d'un petit zèbre. Épisodes de vie d'une famille à haut potentiel intellectuel*, Eyrolles, 2016.

Rigon E., *Les Enfants hypersensibles*, Albin Michel, 2015.

Saiag M.-C., Bioulac S., Bouvard M., *Comment aider mon enfant hyperactif ?*, Odile Jacob, 2007.

Sappey-Marinier D., *Enfants à haut potentiel. Apports de l'imagerie fonctionnelle*, 2016, vidéo sur https://www.youtube.com/watch?v=vJ1buvFBt2c

Siaud-Facchin J., *Mais qu'est-ce qui l'empêche de réussir ? Comprendre pourquoi, savoir comment faire*, Odile Jacob, 2015.

Siaud-Facchin J., *L'Enfant surdoué*, Odile Jacob, 2012 (nouvelle édition).

Siaud-Facchin J., *Trop intelligent pour être heureux ? L'adulte surdoué*, Odile Jacob, 2008.

Stanilewicz C., *Avec lui c'est compliqué ! Vivre avec un enfant précoce, l'aider à grandir et réussir*, Eyrolles, 2018.

Terrassier J.-C., *Les Enfants surdoués ou la précocité embarrassante*, ESF éditeur, 2018.

Terrassier J.-C., Gouillou P., *Guide pratique de l'enfant surdoué*, ESF éditeur, 2016.

vincent A., *Mon cerveau a besoin de lunettes. Vivre avec l'hyperactivité*, Québecor, 2010.

Wahl G., *Les Enfants intellectuellement précoces*, PUF, « Que sais-je ? », 2017.

Win A., *Toujours la même tige avec une autre fleur*, Éditions du Palio, 2015 (roman).

Winner E., *Surdoués, mythes et réalités*, Aubier, 1998.

Les Philo-cognitifs by Fanny Nusbaum, Olivier Revol, Dominic Sappey-Marinier
© ODILE JACOB, 2019
This Simplified Chinese edition is published by arrangement with Editions Odile Jacob, Paris, France, through DAKAI - L'AGENCE.

未经许可，不得以任何方式复制或抄袭本书之部分或全部内容。
版权所有，侵权必究。

版权贸易合同登记号　图字：01-2022-6406

图书在版编目(CIP)数据

嗜思认知者 / (法) 范妮·尼斯博姆, (法) 奥利维耶·雷沃尔, (法) 多米尼克·萨佩-马里尼耶著; 毛静译. — 北京: 电子工业出版社, 2023.2

ISBN 978-7-121-44595-8

Ⅰ. ①嗜… Ⅱ. ①范… ②奥… ③多… ④毛… Ⅲ. ①超常儿童–文集 Ⅳ. ①B844.1=53

中国版本图书馆CIP数据核字（2022）第235986号

总 策 划：李　娟
执行策划：王思杰
责任编辑：黄益聪
营　　销：张　妍
印　　刷：北京盛通印刷股份有限公司
装　　订：北京盛通印刷股份有限公司
出版发行：电子工业出版社
　　　　　北京市海淀区万寿路173信箱　　　邮编：100036
开　　本：787×1092　1/32　　**印张**：7.875　　**字数**：137.5千字
版　　次：2023年2月第1版
印　　次：2023年2月第1次印刷
定　　价：54.00元

凡所购买电子工业出版社图书有缺损问题，请向购买书店调换。
若书店售缺，请与本社发行部联系，联系及邮购电话：(010)88254888，88258888。
质量投诉请发邮件至zlts@phei.com.cn，盗版侵权举报请发邮件至dbqq@phei.com.cn。
本书咨询联系方式：(010)57565890，meidipub@phei.com.cn。

人啊,认识你自己!

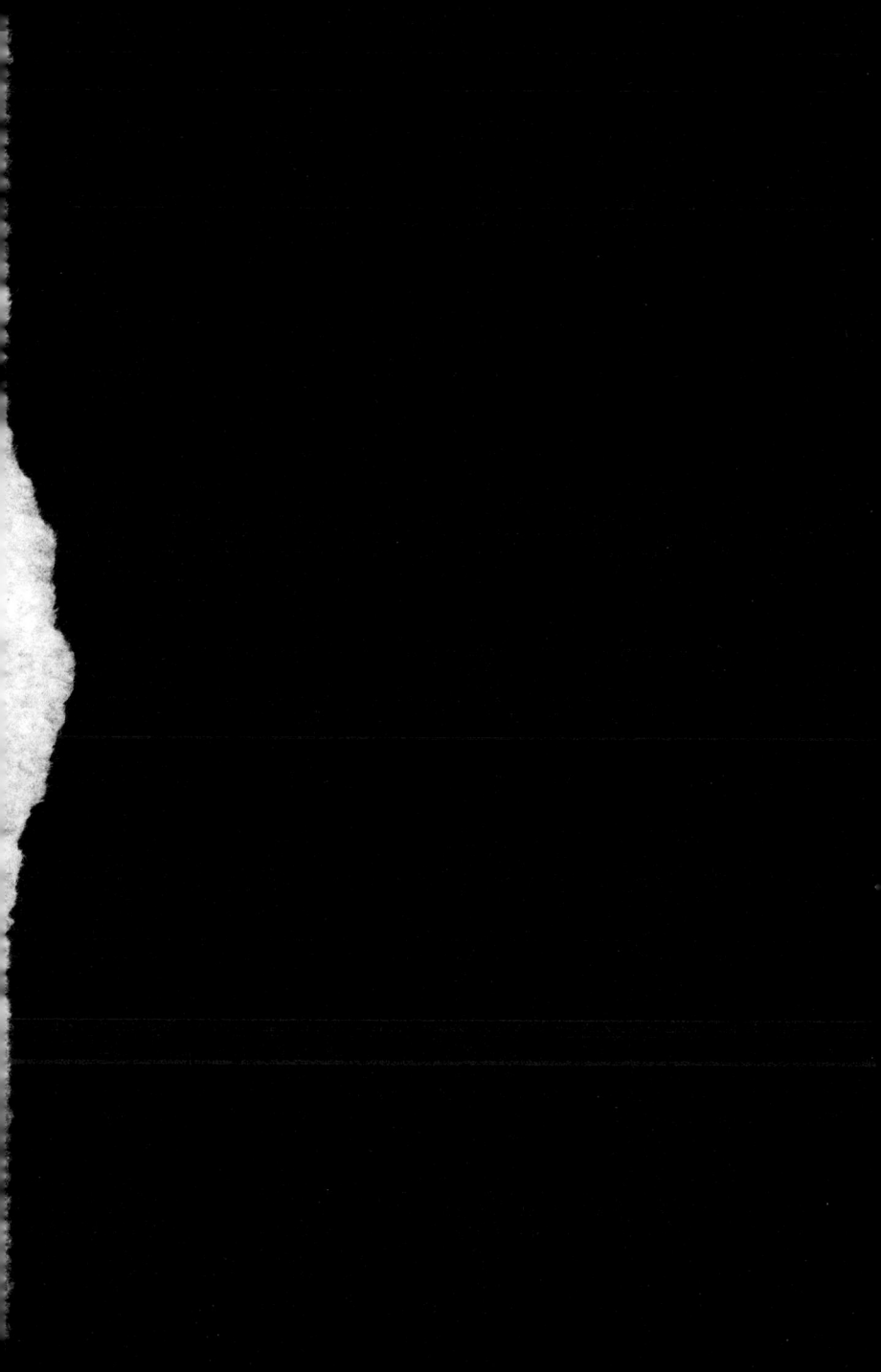